大是文化

トヨタ 最強の時間術

蘋果、亞馬遜都在學的
豐田進度管理

不白做、不閒晃、不過勞，
再也不會說「來不及」

豐田生產系統創始人
大野耐一的嫡傳弟子
桑原晃彌——著
李貞慧——譯

目錄

推薦序　主動創造時間，進度管理從改善流程開始／江守智……9
前言　賈伯斯、貝佐斯都來學的進度管理法……13

第1章　不浪費時間的豐田做事觀念……17

1 不要浪費對方的時間……18
2 想快一點？不是過度使用身體，要檢視動作……22
3 首先要自覺：哪個動作在浪費時間……27
4 三要訣，找出手邊作業藏著哪些浪費……31
5 「只有我知道」最害人浪費時間……35

6 檢視你每天做的事——最常浪費而不自知……40
7 一次下一串指令，部屬搞不清主管的優先次序……44
8 反覆討論通常只得到藉口，要結果就動手……48

第2章 豐田人把時間用在哪裡？……53

1 動手無須費時準備，實行才需要準備……54
2 豐田一年實行五十幾萬個改善意見，員工提的……58
3 沒有正確答案的事，怎麼找解答？……62
4 人人動手打掃，是生產力第一要件……66
5 「觀察」的時間不能省，怎麼觀察？……71
6 問題一發生就當場逮住，絕不稍後處理……75

7 時間用在讓部屬自己找解答……79
8 花時間建立信賴關係……83
9 以實驗做出典範，讓大家看著學習……87

第3章 主管如何縮短部屬工作時間？……91

1 別從工作著手縮短時間，要從時間著手減少工作……92
2 「等」的時間，要縮短到零為止……96
3 讓大家不努力也能把工作做好……100
4 設定誇張的目標，推大家跳脫一貫想法……104
5 第一線人員反映的工作窒礙，當天就改善……108
6 部屬來商量時，就停下手邊工作……112

7 建立一套標準作業表，讓工作狀況一目瞭然……116
8 成功就橫向擴散，失敗就寫報告……120

第4章 一天就二十四小時，豐田卻能創造時間……125

1 選擇能讓之後更輕鬆的道路……126
2 用同樣的設備，賺同業兩、三倍的錢……131
3 現有設備徹底改善，不領先投資設備……135
4 不必花時間善後，這叫品質……139
5 改善要趁著業績好，別等景氣差才做……143
6 有些錢要花在沒用的地方……147
7 公司大賺錢必產生贅肉，就立刻減肥……151

8 現金超多卻不操作業外投資……154

第5章 豐田如何管理進度？……159

1 絕不以平均值看待事情……160
2 老手編制標準作業手冊讓新人上手……164
3 太快反而浪費時間，及時才好……168
4 數字目標是努力方向，別用來管理進度……172
5 注意眼前徵兆，未來誰能預測？……176
6 豐田從不進行大改革，而是天天小改……180
7 不害怕顛覆決定，也容許朝令午改……184
8 先要求成果，再要求時間……188

第6章 掌握時機，豐田的巧遲能省時省事

第6章 掌握時機，豐田的巧遲能省時省事……193
1 將優點濃縮在「最初一分鐘」……194
2 當方向正確，就該莽撞……198
3 改善得到的餘裕，用來幹嘛？……202
4 保持貪心……206

後記
感謝純豐田人給我的智慧……211
參考文獻……215

推薦序
主動創造時間，進度管理從改善流程開始

精實管理顧問／江守智

作為一位以「精實管理」為專業的企業顧問，豐田（Toyota）確實是許多企業想要學習、效法的典範企業。只是因為臺日文化、產業屬性、產品特色不同，臺灣的企業確實很難照單全收。例如，當臺灣機械業想要學習豐田的做法時，就無法像豐田一樣，能夠平準化因應訂單起伏落差。又或者電子業採購端有最小採購量（MOQ）的問題，轉頭才發現日本企業有著千絲萬縷的供應鏈交叉持股的脈絡。然而，我在實際輔導過程中，常常告訴企業：「時間，才是最公平的單位。」而豐田在這一塊，也有好的觀念、手法與工具，非常值得臺灣的企業效法。

身為一位精實管理顧問，協助跨產業的眾多企業提升效率、降低成本、減

少庫存、提升品質，我非常推薦這本書裡的三個重點：

一、**時間不只能被動節省，還能主動創造：**

工作不是只能用加班對應，也不只是壓縮瑣碎時間，或是一味的加快節奏而已。從本書中，你能看到該怎麼分析作業流程，找出核心問題。然後，不單只是讓團隊成員接受指令，而是讓部屬自行思考，找出核心問題、一一改善。

二、**進度不是靠控制、壓迫，要從流程改善：**

進度來自於最終目的，所以數字只是方向，但還是要從長期目標來思考。甚至不搶先進行資本支出，而是希望以現有設備廠房提升競爭力。因為花錢終有限度，來自腦袋的改善才有無窮盡的可能。

三、**管理不能只看細節，更要從大局著想：**

作業端的細節就不用拖，因為得快點動手、「巧遲拙速」。但是在觀察的工作上要花時間，因為看得懂、看得清問題的本質，才能夠真正創造價值。

當我收到出版社的邀請，要為本次改版撰寫推薦序，雖然手邊有好幾件企業輔導案在忙，但還是馬上答應。因為我自己已經研讀過這本書好幾次，閱讀起來輕鬆不枯燥，非常適合各產業的不同階層管理者閱讀。

最後更想提一段因為這本書而促成的緣分。二〇一七年年終，我正準備離開辦公室、要關上大門時，卻聽到電話聲響起。

「您好，我找理事長。」電話那頭傳來有禮貌的詢問。

「不好意思，理事長不在，請問有什麼事？我可以代為轉達。」我回覆道。

「我們公司的董事長前陣子出國，在機場買了一本書，是由貴會理事長寫推薦序，他非常喜歡，因此想要與貴會理事長認識、交流。特別是文章裡面有一句：『聚焦是一種選擇，是為了有效利用時間所做出的取捨；而堅持則是透過時間的複利效果，讓聚焦的成果放大。』」

「真的嗎？這句是我幫理事長潤飾推薦序時，加上去的，很高興聽到董事長欣賞。」

原來這是一間南部知名的食品大廠，董事長更是跨足科技業、食品業的商界傳奇人物。後來我也因為這通電話，跟他結下不解之緣，從碰面認識，到前往公司演講，再以顧問身分負責公司的輔導改善，甚至還邀請董事長推薦我的第二本書，這一切都來自於本書。

這就是一本好書所帶來的正向循環，也期待正在閱讀的你，喜歡這本書。

前言
賈伯斯、貝佐斯都來學的進度管理法

說起來也是理所當然，就算有人要我們做事再快一點，動作也無法立刻快起來。那麼，在速度競爭之下的勝敗要素，到底是什麼？

直接了當的說，豐田（TOYOTA）生產系統的答案，就是「提高時間的品質」。僅僅是追求這個目標，就讓豐田在二〇一五年創下汽車生產輛數世界第一、淨利兩兆一千七百三十億日圓（編按：約新臺幣五千八百六十七億一千萬元，本書以一日圓兌新臺幣〇・二七元換算）的驚人業績。

有兩句話最適合用來形容豐田生產系統的時間品質。

第一句話，是在某位經營者很自豪的表示，自己公司的前置時間（Lead Time，由客戶下單到交貨所需的時間），由十天縮短成三天時，某位豐田人給他的建議。

「不要想成是三天，想成是七十二小時，如何？」

也就是改變時間單位的意思。要由十天縮短成三天，再進一步縮短為一天，一定很有壓力吧。可是如果想成是由二十四小時縮到二十三小時，或是由六十分鐘縮短至五十九分鐘，或許又會湧出新的點子也不一定。不管多麼長的時間，如果看成是每一分、每一秒的累積，持續改善，就能完成相當多的事。

另一句話，是我聽豐田集團的某位幹部說的：「十年後，我要培育出不輸母公司豐田的員工給大家看。」

過去我曾經擔任聘僱與就業的顧問，整天思考要聘僱什麼大學的學生幾人，花時間慢慢培育人才的意願變得越來越低。公司也是一樣。在變化快速的現代社會中，公司逐漸變成只想著「聘僱」人才，而顧不到「培育」人才了。

在這樣的時代下，仍以十年為單位來培育人才的豐田生產系統，其思維給了我很大的衝擊。

培育人才需要很長的時間。對於這一點，豐田生產系統一點也不馬虎。一方面珍惜每一分、每一秒，但在應該花時間的地方，也毫不吝惜的投注時間，這就是豐田管理進度的做法。這也和認為時間就是生命、減少浪費就是充實自己的人生、尊重他人生命的人本主義有關。

我畢生的志業之一，就是研究史帝夫‧賈伯斯（Steve Jobs，蘋果電腦創辦人）和傑夫‧貝佐斯（Jeff Bezos，亞馬遜創辦人）等功成名就的人。

有些人可能會覺得，這些人的成就，和重視團隊精神、抱著「比起一個人的一百步，更重視一百個人的一步」的豐田生產系統完全相反。不過其實他們都是這套系統的信徒。

賈伯斯在年輕時就學習豐田的進度管理，打造豐田生產系統的工廠，並挖角熟悉這套系統運作的提姆‧庫克（Tim Cook，蘋果現任執行長），高調宣誓要追上麥克‧戴爾（Michael Dell，戴爾創辦人）。

戴爾因為導入豐田接單生產，在電腦業界掀起一場銷售的革命；貝佐斯也利用改善的想法，整頓亞馬遜龐大的物流，透過豐田生產系統「連問五次『為什麼』」的做法，跳躍性的改革服務和系統。本書也會根據這些海外人士的觀點，俯瞰豐田的生產管理，以求能有不同以往的新發現。

提到導入豐田生產系統、向豐田學習，很多人就會連想到「製造」。不過這套系統真正的精髓，其實在於支撐住豐田全球第一地位的進度管理。

不過這對於豐田來說，已經是太過於理所當然的存在，所以過去沒有書籍針對這一點，整理這套生產系統強大的祕密。本書則是第一本聚焦於豐田進度管理的書籍。

第1章
不浪費時間的豐田做事觀念

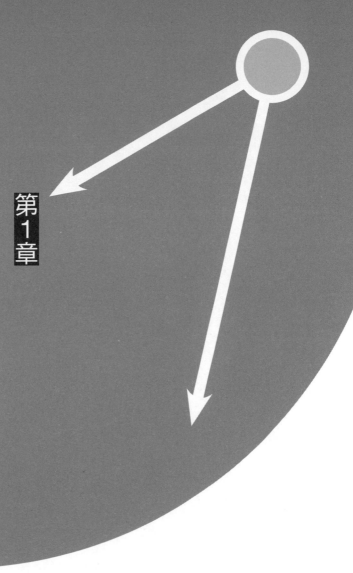

1 不要浪費對方的時間

所謂的獲利模式，就是在有限的工作時間內，互相競爭以增加更多能「產生附加價值的時間」。豐田認為，不能產生附加價值的時間，不僅會降低生產力，甚至是浪費生命。

前豐田總經理、董事長豐田英二，就曾直接了當的表示：「我認為時間就是生命。時間是生命的量尺，是非常重要的東西。」

他也如此警惕管理階層：「我們認真努力的有效運用自己的時間，發揮最大的效能，但是對於使用部屬的時間，卻常常太過輕忽。當主管發出不合宜的命令時，可能會浪費部屬的時間，甚至浪費他們的生命。所以，管理階層應該充分體認到自己責任重大，既然部屬把生命託付給我們，我就要拜託大家，對於使用部屬的時間，要有周全的考慮。」

時間對每個人來說都很重要。我們常會因為對方不守時，而感到焦躁不安，不過對於浪費對方的時間，卻不當一回事。特別是主管對於浪費部屬的時間，常覺得無所謂。

部屬或客戶的時間，就像他們的生命一樣。所以不浪費別人的時間，可說是最重要的事了。

豐田生產系統中有一種說法，就是「**別讓人成了看守機械的人**」。在機械運轉時，旁邊會有個人一直盯著機械，好像是機械的看守人一樣，這種用人的方法無法產生任何附加價值，就是一種浪費。

如果擔心萬一機械發生異常，會帶來很大的麻煩，那麼只要加裝設備，讓機械發生異常時能自動停機即可。也就是說，只有在機械停下來的時候，人再過去看就好。

我們應該讓人去做一些只有人能做的工作，讓人去看守機械，不過是在浪費他們的生命而已。豐田的進度管理之所以重視整理和整頓，也是基於同樣的道理。工作中，我們常花相當多的時間在找東西，不過只要維持豐田生產系統的整頓原則——可以立刻拿出必需的工具——就可以**避免翻找、浪費時間**，不再浪費生命。

管進度——賈伯斯選中庫克的原因

蘋果公司創辦人史帝夫・賈伯斯年輕時，就學習豐田生產系統並加以活用。他曾經說過：「我參觀過日本許多採用看板管理（豐田生產系統的別名）的工廠，也成立了這樣的工廠。」

賈伯斯挖角提姆・庫克（蘋果現任執行長）的原因之一，也正是因為庫克的前一份工作，是在公司擔任豐田生產系統供應鏈（Supply Chain）的經理。可能也是這個原因，讓賈伯斯也有「人命和時間息息相關」的想法。

一九八〇年代初期，正當賈伯斯努力開發可謂是後世經典傳奇的麥金塔電腦（Macintosh，簡稱Ｍａｃ）時，某天他對開發團隊提出一個課題：「Ｍａｃ從按下電源鍵到完全啟動的時間太長了。要再快一點。」

某位技術人員向賈伯斯說明可以再快個幾秒鐘的方法，但賈伯斯連聽都不想聽，直接要求再快個十秒鐘。他之所以會如此要求，是因為一個假設：「Ｍａｃ的使用者應該會在幾年內達到五百萬人。」

「這五百萬人應該至少一天會啟動一次Ｍａｃ，如果我們可以縮短十秒鐘的時間，一天就可以節省五百萬人次的五千萬秒鐘。一年下來，累積節省的時間甚至是人類壽命的幾十倍；換句話說，可以拯救幾十個人的生命。」

就算縮短電腦的啟動時間，也不表示現實生活中就真的能拯救人的生命。不過，等待電腦開機的時間，無疑是一種浪費。賈伯斯應該是無法忍受這種浪費吧。

就在他提出這個課題後，Ｍａｃ的啟動時間真的縮短了十秒鐘以上。

工作最大的限制條件就是時間。經營資源中，人力、物品、金錢、資訊都可以想辦法增加，但只有時間無法增加。然而，善用時間的方法卻有無限多種可能。豐田進度管理的奧祕，就是持續發掘這種無限的可能性。

2 想快一點？不是過度使用身體，要檢視動作

當我們因能力不足而苦惱時，其實大部分的原因都不在自己身上，而在於工作的架構。豐田生產系統告訴我們，不改變工作的架構，只是一個勁兒的自責，不可能提升效率。

例如，這套系統有一個說法是，把動作變成勞動。我們認為是工作的「動作」中，沒有附加價值的多餘動作出乎意料的多。如果不改善這些部分，就算忙得滿頭大汗，嘴裡唸著忙死了、糟了，也無法提升效率。

放著多餘、浪費的動作不管，只是催促部屬要「快一點」、「只要去做，一定做得到」，這不就是所謂錯誤的精神主義（Spiritualism）嗎？

豐田生產系統排斥這種精神主義，不論說得多有道理，也無法縮短時間。重要的是，要腳踏實地的減少浪費。

豐田進度管理中還有另一句名言：「時間是動作的影子。」這句話的意思是，如果要把時間視為問題來檢討，就要**先徹底分析動作**，**並著眼於造成浪費的多餘動作**。也就是說，要改善結果，就得回溯源頭，檢視造成這種結果的一連串流程，然後改善過程。

日本能率協會的技術顧問新鄉重夫，用一句話來說明這件事：「時間一點也不重要。只要改善動作，自然可以縮短時間。」

奠定豐田生產系統的人，就是曾經擔任豐田工廠廠長、副總經理的大野耐一。大野耐一在一九五〇年代後期，曾經向一個人尋求建議，這個人就是新鄉重夫，由此可見上述這句話的重要。要減少時間的浪費，不是要看著碼錶倒數計時，而是要仔細審視動作。

不考慮工作的架構與過程，只是無理的要求「快還要更快」，這樣不過是增加勞動強度而已。

工作不是把時間切開來零售以換取金錢，也**不是要過度使用身體以達成目標；**為了讓工作能更輕鬆一點，就應該要發揮智慧。

這套系統的目標，就是以更快、更便宜的方式，製造更好的東西，其關鍵在於：在必要時、使用必需數量的必要物品。

聽起來很簡單，卻沒那麼容易實踐。汽車產業複雜且十分龐大，據說所用的零件多達三萬個、相關企業多達二十萬家，而且還必須因應時刻都在改變的需求，以維持全球競爭優勢，所以得靠每一個人持續發揮智慧。

不要流於嘴巴講講的精神主義，也不要一味的增加勞動強度，而是要好好想想：「只要消除浪費，時間自然就會縮短。因此應該做些什麼才好？」改變工作的架構，才是關鍵所在。

反覆多問「為什麼」

結果不如預期時，就回溯至源頭找出原因，這是豐田的開山祖師豐田佐吉過去一直使用的方法。

豐田佐吉申請了八十四件日本專利、十三件外國專利，創立豐田紡織（現TOYOTA 紡織）、豐田自動織機製作所（現豐田自動織機）等公司，支撐了日本的主要產業——纖維業。

然而豐田佐吉熱衷於發明自動織布機的時代，是日本的明治時期（一八六八年至一九一二年）。當時資金不足，技術和基礎建設也匱乏，老是無法織出優良的布匹。他回溯源頭後才發現，原來問題在於，在日本取得的絲線，都是品質惡劣的絲線。

豐田佐吉發現，如果沒有品質優良的絲線，研究也不會有進展，而且就算真的打造出優良的自動織布機，還是有其極限，所以決定自行生產絲線。

他叫來左右手，也就是過去曾被派去美國調查產業情況的西川秋次（後來成為豐田紡織董事、豐田自動車工業監察人等），委託他去辦一件事：「我找遍全日本，也找不到需要的絲線。你可以在這裡成立紡紗事業，為我生產品質優良的絲線嗎？」

豐田自動紡織工廠因此誕生。為了取得品質優良的綿線而創立的紡紗事業，和利用高性能自動織布機的織布事業相輔相成，加上第一次世界大戰帶來的戰爭景氣，讓豐田紡織的業績扶搖直上。

當事情發展不如預期時，反覆多問幾次為什麼、回溯源頭，找出核心的真正原因並加以改善，這就是豐田生產系統的傳統。

一般管理學所提倡的是5W1H，亦即「When、Where、Who、What、Why、How」（何時、何地、誰、什麼、為什麼、如何），但有人說豐田的這套系統則是「Why、Why、Why、Why、Why、How」，可見這是多麼根深蒂固的傳統。

3 首先要自覺：哪個動作在浪費時間

有些人是用這樣的思維工作：「工作有兩種，一種是動腦（知識勞動），一種是動手（單純勞動）。如果是後者，就是重複照本宣科的作業，只要增加勞動時間，成果也會隨之增加。」可惜光是如此，也很難做出成果。

將工作種類一分為二，當然也不同於豐田生產系統尊重人性的想法，不過最大的問題是出在：「只要重複照本宣科的作業，就可以做出成果。」這種一廂情願的看法。這套系統的特色，就是自覺到不論什麼樣的作業或動作，其實都隱含著許多浪費，由此才能開始改善，生產力才會越來越高。

大野耐一創造出豐田生產系統的契機之一，就是多餘的動作。一九三七年左右，大野耐一聽說日本人的生產力只有美國的九分之一，他非常震驚；再加上戰後的一九五〇年，美國駐軍公開表示：「日本的生產力只有美國的八分之一。」讓他深感必須徹底改革。

而且，所謂的八至九倍，還只是和美國勞工的平均值相較的結果，可想而知，全球汽車業的龍頭老大美國，和戰後日本汽車產業間的差距只會更大。

豐田佐吉的兒子，即豐田汽車創辦人豐田喜一郎，在日本戰敗後，提出了「三年內要追上美國」的遠大目標。可是要追上美國，就必須只靠約十個人來完成原本一百人在做的工作。大野耐一絞盡腦汁，思考如何才能在戰敗後的一片焦黑廢墟中，只花三年就達成這個目標。

此時如果認為日本生產力低落，是因為國力與體力不佳，大概只能得出「不可能」的結論吧。可是大野耐一卻極為理所當然的認為，日本人和美國人的體力不可能差到十倍之譜，所以他的結論是「因為浪費的關係」。他這麼表示：「日本人做事一定有某些極大的浪費。我認為只要消除這些浪費，生產力應該可以增加十倍，這也是現今豐田生產系統的起點。」

把該縮短的時間減少到零

他抱著這種想法觀察工廠，結果真的到處發現許多浪費。例如，用錐子在圓棒上開孔的作業，一根圓棒要花三十秒開孔，意思就是一分鐘只能完成兩根，一小時應該可以完成一百二十根。然而實際上一天只完成了八十根。只須花一小時的工作，事實上卻花了一天。

仔細調查後發現，由於在三根圓棒上開孔之後，錐子就會鈍掉，為了重新將錐子磨利，就必須移動到有砂輪機的地方，然後大家排隊等候研磨，等到磨好再回到工作現場。接著，又在三根圓棒上開孔之後，再去砂輪機的地方排隊……每天都會重複這種多餘的動作。

就算大野耐一跟工人們說：「你們能不能一天至少花一個小時認真工作？」工人們也不會接受。因為每個人都覺得自己很認真的工作，甚至會有人抗議「明明都還留下來加班工作了」。

我們不能取笑這些工人。因為就算是現在，如果小心翼翼的把自己的作業，分成豐田生產系統中的「浪費」和「產生附加價值的工作」，大家應該都會對工作中的浪費之多，感到驚訝不已。

二〇一四年經濟合作暨發展組織（ＯＥＣＤ）三十四個加盟國的勞動生產力比較結果，日本竟然只排在第二十一名，落後於面臨經濟危機的希臘，使得群情譁然。

事實上，全日本的生產力長期以來都落後美國，即使在經濟合作暨發展組織的加盟國中，近二十年來也都徘徊在二十一名或二十二名，生產力低落並不是很久以前的事。

大野耐一心想：「把浪費降為零，努力將能夠產生利潤的工作占比提高到接近一〇〇％，這一點很重要。只要消除浪費，就不用把時間花在沒有意義的事情上，作業、工作都會比較行有餘力，工作也可以更輕鬆。」

就算拚了老命工作，如果過程中有大量的浪費，就不會有好的成果。大野耐一的想法就是，只要一天八小時的工作中都沒有任何浪費，生產力一下子就可以提高到八倍、九倍。

時間有兩個面向，一是確實運用的時間，二是確實削減的時間。豐田生產系統的管理方式，就是不斷發揮智慧，想盡辦法讓兩者的比率，達到理想的一百比零。

4　三要訣，找出手邊作業藏著哪些浪費

如何才能找出潛藏在手邊作業中的浪費？

作業包含以下三種內容：

- **浪費：沒有附加價值，必須立刻消除。**
- **附帶作業：沒有附加價值，但在現階段是必要的。要不斷改善、逐步減少到零。**
- **實際作業：有附加價值，改善的目的就是盡量提高實際作業的占比。**

然而，大多數的作業都是一連串的動作，要區別哪裡是浪費、哪裡是實際作業，並不簡單。

我們簡單的用釘釘子的例子來思考。不用說，釘釘子的動作就是實際作

業。那麼拿鐵鎚的動作呢？如果是要找鐵鎚，或是去拿放在其他地方的鐵鎚，這些動作可說是浪費；如果是去拿放在身旁的鐵鎚，這個動作就稱不上浪費了。此外，舉起鐵鎚的動作，也很難說是實際作業還是附帶作業。

大多數的動作都是如此。所以為了提高實際作業的占比到極限，我們必須將釘釘子的作業，分解成用鐵鎚敲鐵釘、舉起鐵鎚、拿鐵鎚、找鐵鎚等要素。

然後再**針對每一個動作要素，逐一確認每一個動作**，思考「是否真的必要」、「有沒有更簡單的方法」、「為什麼採用這種方法」。再逐一分析時間，找出散亂、不合理、浪費之處，並加以改善。換言之，改善的前提就是要自己去做，或實際觀察正在做的人。

如果只是坐在桌子前面看著數據思考，又會如何？看數據之後，或許可以知道釘一根釘子從頭到尾要花幾分幾秒，可是應該完全無法掌握細節。就算檢附影像資料，也只能知道幾次的動作狀況，這樣的資訊量比起**實際在現場觀察一段時間**還要少很多，難以找出該改善的地方。

所以，大野耐一才會不斷主張，改善要採取現地現物主義（在現場觀察實際物體）。

組合「看、觀、診」檢視每個動作

大野耐一強調，所有的改善，其基準都是現場的實際情況。光是坐在辦公桌前思考，不可能想得出改善之道。他接著表示：「坐在辦公桌前所想到的改善之道，頂多是以時間或人為單位，不可能想出以秒為單位的方法。但實際製造產品時，製程是以秒為單位在進行，所以如果不能以秒為單位來觀察物品或人的動作，就找不出該改善的地方。」

呆呆的看、心不在焉的想，無法發現需要改善的地方。重要的是針對一個動作，集中精神、仔細的觀察。

例如腳的動作，就可以找找有沒有無意義的步行、踏出半步又縮回去、向前踏出半步、站著不動等動作。另外像是眼睛的動作，就必須詳加檢視尋找、選擇、確認、走過去看、注意、焦慮等一連串的動作。每個小動作可能只不過是以一秒鐘，甚至是〇•一秒鐘為單位的小事，但這些點點滴滴的時間累積，卻與重大的改善息息相關。

如果是紙上作業，就必須更鉅細靡遺的分析。這看起來好像很困難，但只要不斷抱持著問題意識去「看」自己或他人，就可以越來越接近豐田生產系統中所謂的現場改善。

- **看：視線所及。**
- **觀：觀察。**
- **診：診斷。**

「看、觀、診」這三者的組合運用，正是這套系統的精髓。

在豐田生產系統中有一句話說：「資料可以帶回家去，但現場無法搬回家。」一時至今日，要把資料帶回家也變得越來越困難了，所以更要貫徹現地現物主義、當場執行。你現在的工作是不是變成操作電腦、開會檢討了呢？

重要的是現場，是正在做的工作的組成要素。豐田進度管理的第一步，就是以秒為單位、以要素為單位，去追問「為什麼」，不斷削除時間的浪費。

5 「只有我知道」最害人浪費時間

建立自己獨有的能力是一件好事。不過，創造出只有自己才能做的工作，絕對稱不上好事。如果有位倉管負責人很自豪的說：「在這個倉庫裡，什麼東西放在哪裡、有多少個，只有我知道。」，大家應該會認為他只是個不會整理、令人傷腦筋的人。

工作最重要的，就是預先整理好，以便負責人不在或休假時，萬一突然遇到緊急狀況，**隨便一個人都可以接手，這也是不浪費他人時間的表現**。

在豐田有一個不成文的規定，就是要**將文件資料簡單彙整在一張 A3 大小的紙上**，因為這麼做有四個好處：

① 起草人能充分思考

要去除多餘內容、只寫下重點，起草人就必須確實分析現狀、解析主要原因，也必須反覆深入思考對策。經由這樣的作業，起草人可以學到善用智慧，在腦中整理自己的想法，並磨練自己的表達能力。

②不浪費閱讀者的時間

閱讀厚重的文件不但花時間，連說明也需要很長的時間，真的是集浪費之大成。

③可大幅減少決策所需的時間

提綱挈領的文件，可以加快判斷速度。

④讓會議討論更踴躍

曾擔任三井銀行的總經理、董事長，以及豐田監察人的田中久兵衛表示：「我沒看過像豐田的董事會這麼活潑的會議。」「感覺我自己都變年輕了。」豐田的董事會最少開兩個小時，而且會議中沒有任何的閒聊廢話，彼此針對各式各樣的課題，交換來自四面八方的意見，所以據說田中久兵衛雖然覺得累，但卻累得很快樂。

會議討論之所以能如此踴躍，原因之一就是「A3紙大小的標準格式」。

一九九九年一月的《哈佛商業評論》日文版（*DIAMOND Harvard Business Review*）曾刊登一篇以〈豐田未落入和官僚主義畫上等號的龐大紙上作業陷阱〉為題的論文，其中提到以下內容：

幾乎在所有的狀況下，工程師都會用A3紙的單面，寫出簡短且論點明確的報告。報告的格式統一，問題定義、負責的工程師與部門、分析結果及提案，都有固定的書寫位置，每個人看了都能一目瞭然。這種標準格式，也有助於工程師確認報告是否已涵蓋所有重要部分。

不論是工作還是資訊，重要的是要仔細整理，讓任何人都能立刻了解。製作一本厚重的資料，然後誤以為這件事只有自己能做，這種人不是真正的專家。寫的人可能自以為交出一份辛苦完成的大作，但就閱讀的人來說，只不過是浪費時間、派不上用場的東西而已。

報告全都得用一句話表達賣點

就連全球最大的複合企業奇異（General Electric，簡稱ＧＥ）公司前任執行長、號稱是二十世紀最偉大經營者的傑克・威爾許（Jack Welch），也非常討厭堆積如山的文件。

像奇異這麼龐大的組織，文件很容易變得複雜。當公司內興起一股風潮，試圖在文件中放入各式各樣的資訊，以便每個負責的部門人員都可以檢查時，威爾許投下反對票。他這麼說：「顧客根本不管你的企劃書怎麼寫。」「不管你花幾星期準備投影片上的圖表，市場也不會在意。」「文件都濃縮在一頁以內。」「沒必要寫成一本很棒的書。」「給我出門去拉生意回來。」

這些文件不須是優美的文章，要求的是有說服力的句子，就算拿掉一個標題，也要**精簡到可以用一句話表示賣點**。起草人如果能把時間花在這些地方，就可以少浪費大多數相關人士的時間。

此外，在一九八〇年代，美國麻省理工學院將豐田生產系統化為體系，作為生產管理的方法之一，並將之命名為「精實生產」（Lean Production，Lean意指沒有贅肉）。

奇異曾因日本家電廠商大舉壓境而瀕臨危機，威爾許為了拯救奇異，積極導入精實生產。他更進一步將精實生產，和符合美國風土的品質管理方法之一——六標準差（Six Sigma）組合，成為「精實六標準差」（Lean Six Sigma），全力推動之後克服了大企業病（編按：大企業中常見的低效率體質），成功讓奇異浴火重生。

6 檢視你每天做的事——最常浪費而不自知

什麼事情重要、什麼事情不重要，只要換一個看法，其實很容易就翻盤。即使是覺得重要而進行的工作，只要換個角度來看，也可能變成時間的浪費。

請用以下觀點，**重新逐一檢視每天理所當然在做的每件工作：**

- **以整體最佳化與部分最佳化重新檢視。**
- **改變時間軸後重新檢視。**
- **用現地現物的角度重新檢視。**
- **以改善後會如何的思維重新檢視。**

豐田的生產管理部門內，負責決定要內製（公司內自行製造）或是外包的

A先生，上司換成了大野耐一。當時大野耐一是總公司工廠廠長兼常務董事，也是大多數員工聞之色變的現場之神。

話雖如此，A先生的工作就是調查內製的產能和成本等，然後預測要外包哪個製程，這是和公司的生產計畫息息相關的重要事項。他一直相信，就算上司換成大野耐一，也不會有任何變化。

可是就算他確實分析現狀，根據過去的產能預測未來、並提出相關資料，大野耐一仍然看都不看。

不僅如此，大野耐一還斥責A先生：「你只會做這些白痴的計算嗎？真傷腦筋！」「為什麼過去的成績會直接變成未來的基礎？」「如果你有這種閒工夫，就去看看現場！」

A先生一開始真的是驚訝得不知所措，過了不久，他終於理解大野耐一的用意了。說穿了，就是分析現狀後如果發現問題，重要的是要改善。如果改善之後狀況改變了，那麼過去的資料就沒有任何意義；根據沒意義的資料來預測未來，只不過是浪費時間。

這個觀點認為，該做的事是改善現況。A先生也了解大野耐一並不是全盤否定所有的資料，有關生產、銷售的實際業績，或是產能利用率等與事實、實際成績相關的數字，大野耐一也會一一檢查。

豐田生產系統的基礎就在於現地現物，工作存在於現場，事實則隱藏在實物中。A先生忘記這一點，把大多數的時間花在編制資料、分析與預測，少了去現場實際觀察的時間，這樣的時間分配可說是本末倒置。

你的改善請找大家來現場看，別開會發表

大野耐一也表示：「不能等到看了資料之後才改善。等到一天的統計結果出爐，才說某條產線常常停擺、某個部分正在改善中，這樣太慢了。當你在看資料時，就已經慢了一天。給我直接去現場看！」

當你花時間統計資料、製作美麗圖表的同時，現場仍舊一刻也不停留，所以看到資料後再思考就太慢了。豐田生產系統重視先到現場去，用自己的眼睛觀察後，立刻改善。

如此重視改善的大野耐一，在編制改善發表會等資料時，也嚴格的一再重

新檢視。某天改善小組要求大野耐一：「我們要開改善案例發表會，請您過來一趟。」結果他這麼斥責他們：「所謂的改善，就是為了消除浪費。**為什麼還要開一場如同製作無用資料的改善發表會？這種東西，到現場去看就知道了！**」然後，他還如此曉諭員工：「你們什麼都不懂。減少浪費就是你們的工作，結果你們反而在製造浪費。」

改善發表會是發表成功改善案例的表揚舞臺，發表人會準備大量資料、用心練習，確實做好發表的準備，站在當事人的立場來看，這是理所當然的。但就全公司的立場來看，如果有這種時間，不如花在更好的改善上。如果想要充實發表的內容，只要請大家到現場來，讓他們看過實際狀況之後再說明即可。

7 一次下一串指令，部屬搞不清主管的優先次序

資訊不足會導致判斷失誤，但另一方面要注意的是，過多的資訊也會搞亂工作的優先順序。「在必要時，使用必需數量的必要物品」，這是豐田生產系統的鐵律，其實不光是物品，這道理一樣適用於資訊。

現代社會是個資訊膨脹的世界，資訊也不是多多益善，必須懂得去蕪存菁。獲取過多資訊的原因，在於人類不自覺的心態。

某品管專家曾調查人們如何決定工作優先順序，區分結果如下：

①重要性高、緊急度也高的工作。
②重要性低、但緊急度高的工作。
③重要性低、緊急度也低的工作。

④重要性高、但緊急度低的工作。

①和②的工作較優先，這是理所當然的。但大多數的人會覺得③「重要性低、緊急度也低的工作」會比④「重要性高、但緊急度低的工作」優先，就令人匪夷所思。一般來說③應該會被放在最後才是。

然而，這位專家表示，以人的感覺來看的話，這個結果是可理解的。他這樣分析：「重要性高的工作，大多困難度也比較高。如果沒那麼緊急，就先以困難度較低的工作為優先，困難度較高的工作則會盡可能排在後面，這是人之常情。」

的確如此。即使理智上知道這件事很重要，我們卻傾向於先做較簡單的工作，結果重要的工作被排到後面，等到事態緊急了，才手忙腳亂的想要處理，偶爾也會發生這種狀況。

豐田生產系統理解人類的這種心理，在提供部屬資訊時，會設定時間差。

例如，實踐豐田進度管理的某家公司，會以兩小時為單位提供生產資訊。早上八點提供八點到十點的生產相關指示，等到十點再提供十點到十二點的相關指示。

當天要生產什麼產品，當然一大早就決定好了，但還是以兩小時為單位提供生產指示。主要原因是，如果一次就提供全天的生產指示，現場人員就會不自覺的以比較簡單的工作為優先，這麼一來就可能弄亂生產順序。

在豐田生產系統中，重視「一個流」，亦即配合銷售（需求），逐一製造。如果現場人員優先進行簡單的工作，就會破壞一個流的模式，所以該公司一次只提供以兩個小時為單位的生產指示，避免人員受到不自覺的心態影響。

資訊不用給太多，提供必要的就好

大野耐一認為，今天視為必需的資訊，常常在十天前或二十天前還是不必要的。他表示：「在企業內部必須抑制過多的資訊。」接著又說：「過多的資訊會誘發過度前進、弄錯順序，也就無法在必要時生產必需品，不但會導致生產過剩，同時也是造成缺貨的原因，甚至和生產線無法輕易變更生產計畫的體質，息息相關。」

因此，豐田生產系統的特徵，就是個別的生產製程，都只會取得目前必要的資訊，而非所有的資料。

當然，公司會有每年要生產幾輛車的大致生產輛數（年度計畫），然後根據年度計畫再編制每月計畫、每日計畫，各生產線也會於上個月的後半期，編制顯示每天產量的順序計畫。不過這項順序計畫，只會送到相當於最終組裝線主管的手上，這就是豐田生產系統。

然後利用看板（一種資訊聯絡單），下達在某個時間點之前，要生產什麼產品、生產幾個的指示，作業人員就依照指示生產。

生產現場所需的資訊很有限，提供超出需求的資訊，不但是一種浪費，也是誘發人員不自覺心態的主要原因。需要全面性資訊的工作其實非常少，除了核心資訊外，其他訊息只會讓工作更混亂，甚至綁手綁腳。

豐田的進度管理也可說是透過仔細設計資訊，在工作的脈絡中傳達，以預防浪費時間的系統。

8 反覆討論通常只得到藉口，要結果就動手

「立刻進行」、「先做看看」，可說是商場上必勝的條件，不過總是有兩件事困擾著我們：

①大事很難輕易的說做就做。

②進行得不順利時，又無法回頭，讓人很困擾。

其實有一個訣竅，可以一次解決這兩種困擾，那就是一開始的行動要從小處著手。

某公司試圖導入豐田生產系統，但來自四面八方的反對聲浪，導致改善進度不如預期。反對的意見不外乎是「萬一失敗了，怎麼辦」、「至今為止都很

順利，所以沒有必要改」、「預算不夠」、「沒有前例」等。

一旦陷入要改還是不改的議論，通常不改的一派都會占優勢。因為每個人對於改變都會覺得不安，最好是一切照舊，這是人之常情。討論怎麼改還比較有建設性，如果只是反覆爭論要改還是不改、陷入膠著，可說是浪費時間。

所以該公司總經理想到的解決方案，就是成立「立刻執行課」。

他將改善分成要花大錢的重大改善，以及不太花錢的小改善，然後分別處理如下，成效十分顯著：

①要花錢的重大改善，就花時間好好討論。

②不太花錢的小改善就立刻執行，之後再討論。

透過「立刻執行課」，也可以讓主張不要改的反對陣營人士，看到現場與實物的實況，藉此讓他們提出更具體的糾正改善意見，而不僅僅是紙上談兵的反對。

改善某個地方，然後再將其放上檯面供大家檢視。如果有問題，就再改善；如果沒有問題，照這樣繼續執行即可。

重大改善如果分割成小改善，也可以立刻執行，因為是小改善，**就算不順利也可以回頭**。雖然豐田生產系統強調萬一不順利，就要再進一步改善，不過隨著時機和場合的不同，就算做出撤退的決定也無妨。

持續累積這項作業後，一開始持反對意見的人，也會慢慢改變主意，發現到改善也是一件好事，於是該公司在導入豐田的這套系統上，便開始確實的步上軌道了。

行不通才放棄，好過贏得爭論啥也不做

豐田喜一郎表示，先做看看的重要性，是自己和父親豐田佐吉比較之後所體會到的。豐田佐吉因為家境貧困，只有小學畢業的學歷，是實幹派的人。相對的，豐田喜一郎則是東京帝國大學（現東京大學）工學院畢業，之後還進入同大學法學院學習的理論派。

因此，每次只要一起爭論，贏的一定會是喜一郎，他也一直以為先討論、

後實踐才對。

可是有一天，喜一郎的想法改變了，他這麼說：「我和父親因為某件事發生爭論，而我贏了——我判斷那件事並沒有立刻實行的價值。那時因為父親說『反正先做再說』，所以我不得不去做。沒想到出乎我的意料之外，竟然得到不錯的成果。從那之後，我就不再以討論為優先了。」

豐田生產系統在進行重要大事時非常謹慎（請參閱第2章）。但只要不是大事，這套系統就倡導「先實行看看再說」，比起討論，更重視實行。

最要不得的是，把時間浪費在「改，還是不改」的無謂爭論中，更糟糕的是，自己**什麼都不做，卻說得一口「不做的好藉口」**。豐田生產系統認為，這種人什麼事都做不成。

我想，各位小時候都曾練習騎腳踏車。重重的摔車、痛過之後，最好再立刻騎上腳踏車，這樣一來就可以消除恐懼的感覺，學會騎腳踏車的訣竅。

如果在感受到痛的時候，就放棄騎腳踏車，那麼一輩子都不可能學會。什麼都不做、只會反對的人，不就像是放棄學騎腳踏車的人嗎？

第2章
豐田人把時間用在哪裡？

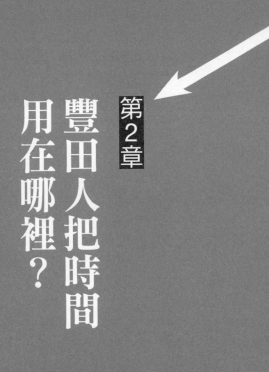

1 動手無須費時準備，實行才需要準備

最早起跑的跑者，不一定會贏得最終勝利。商場上的致勝條件，最重要的就是成為堅持到最後的跑者，不是嗎？

為了達到這個目標，重點在於就算起步比別人慢了一點，也要花時間仔細做好準備。

如果要問拙速與巧遲哪一個比較重要，答案也許會是「看情況」。但在偏好拙速的現代，巧遲的人才是重要的跑者，至少豐田生產系統是如此。關於**著眼、動手，雖然嚴格要求提早一步；但是對於實行、實現，則不會要求立刻去做，寧願花長一點時間**。

例如，豐田在油電混合車 PRIUS 的開發上，足足投入六年的歲月。另外也採用開發中心制，將開發主軸由功能移轉到商品，就花了八年的時間。

之所以花這麼多時間，就是因為開山祖師豐田佐吉認為發明不過是理論。

因此，他認為未經充分的商業性測試，就不能產品化、在市場上推出。

豐田佐吉也曾經用他人的資金開公司。他發明了優良的織布機，由投資人負責銷售，但是這種做法，不久後就出問題了。豐田佐吉想製造更優良的織布機，但投資人只想著儘早回收資金。

未經充分商業性測試的產品問世後，結果客訴不斷，公司的經營狀況每況愈下，發明品的評價也一路下滑。在這樣的惡性循環下，豐田佐吉最終被趕出公司。

因為曾有這一段不愉快的經歷，讓豐田佐吉的想法更加堅定：「發明人必須對產品負責，製造、銷售不可全權委託其他人。」「不靠別人，靠自己的力量去做。」

至於「不能領先別人，就不叫做發明」和「不花時間測試，就是沒用的東西」這兩者之間的矛盾，他則透過快點著手來謀求解決之道：

- **必須領先別人↓著眼、動手要快。**
- **必須經過測試才有用↓充分的事前準備。**

別被眼前的勝利迷惑

一般人對豐田進度管理法的印象是，要花很長的時間才能下決定，可是一旦下決定了，實行力十分驚人，這也是因為繼承了豐田佐吉的傳統。

下決定之前會花很多時間，檢討目的、手段、風險、共識等。因此開始後的問題較少，就算發生問題，也可以迅速因應。結果，豐田的做法比那些省略事前準備、搶先起跑的公司，更能獲得客戶與往來廠商的信賴，維持強大的競爭力。

這讓我想到亞馬遜的創辦人傑夫・貝佐斯。貝佐斯很早就導入改善的想法，並在倉庫管理中導入「安燈」（Andon）系統（能看出異常狀況的機制），積極實踐豐田生產系統。

不知道是不是因為這個緣故，在主流是「反正盡快讓商品問市，之後再修正就好」的資訊科技業界中，花時間做事前準備的亞馬遜，可說是異類。

大約在一九九四年的春天，貝佐斯發現網際網路的成長驚人，想出了在網路上賣書的生意。這項提案被公司否決後，他立刻提出辭呈，同年夏天就成立了亞馬遜公司的前身。急迫感推了貝佐斯一把。

然而，貝佐斯之後反而花了很多時間準備，他花了近一年進行貝他測試（編按：beta test，開放公眾參與的測試階段）以找出問題，直到一九九五年七月，服務才正式上線。結果在服務上線後，幾乎不曾發生問題。

二〇一二年在日本成立亞馬遜 Kindle 商店時，有人指出自預告登陸日本至今，都已經過了四個月了，貝佐斯如此回覆：「亞馬遜只有在準備妥當後，才會展開事業。」

做生意搶得先機就是致勝關鍵，這是不言自明的道理。不過，請不要被眼前的勝負迷惑，因為就長期觀點來看，信用才是獲利的來源。重要的不是做什麼才會賺錢，而是自己想做什麼，這些想法也很重要。

豐田的進度管理，正可謂是花時間實現後者價值觀的管理方法。

2 豐田一年實行五十幾萬個改善意見，員工提的

一般而言，商場上的生意，會在以下三者均衡的狀況下成立。

①開始；
②持續；
③停止。

有關開始，豐田的做法就是儘早著手，但到付諸實行之前，要花時間準備。至於持續、停止，一日開始，就不會中途停下，很有耐性的堅持到底，這就是豐田的進度管理法。

積極導入新事物這一點，豐田算不上是最熱衷的公司，應該有許多公司比

豐田更為熱衷。然而從一旦認定這個好，就累積智慧、持續到底這一點來看，一般認為，幾乎沒有公司可以贏過豐田。

改善活動就是一例。豐田生產系統的改善活動，特徵就是以現場員工的改善提案為基礎，這個架構的始祖，其實是美國的福特汽車公司。豐田英二於一九五〇年花了三個月的時間，視察全美各地的廠商，得知了福特汽車的「提案制度」（Suggestion System）。福特汽車因為導入提案制度，由**所有員工提出經營改善的意見**，有效提升了作業效率和工作意願。

另一方面，當時豐田剛結束勞資糾紛，受惠於韓戰爆發所帶來的戰爭景氣，業績才剛開始緩步回升，資金尚不充裕。豐田英二於是決定從不花錢的地方開始著手，導入他在福特汽車看到的提案制度，這也就是後來的「創意工夫運動」。

當初豐田的提案制度和福特的一樣，是以個人提案為主。不過，能夠獨自發現問題，又自行想出解決的點子，再彙整成改善提案的人，實在不多。事實上，這個制度的始祖福特汽車，也因為內部對於獎勵制度的不滿等因素，而無法持續推動下去。

豐田則在福特的制度上，加進了自己的智慧，亦即不是由個人提案，而是以團隊提案。針對一個人的發現，另一個人再提出點子，然後其他人彙整出改善提案。許多的提案於焉而生。時至今日，豐田一年有超過六十萬件的改善提案，而且九〇％以上都得以實行。

六十年以來，豐田持續實踐這個一九五〇年在美國誕生的制度，不斷的累積創意、投入巧思與努力，這樣的持續力，正是豐田生產系統的靠山。

以大家的終點為自己的起點

關於這套系統的強大持續力，還有另一個代表例子，就是過去日本企業趨之若鶩的全面品質管理（Total Quality Control，簡稱ＴＱＣ）。

現在或許沒有人相信，不過在過去，「日本製造」可是粗製濫造的代名詞。為了擺脫這個惡名，戰後的日本企業首先就以生產現場為主，開始推行品質管理（ＱＣ），以大幅改善品質。

接著全公司開始推行全面品質管理，也就是組織規模的品質管理，以求立足於世界舞臺。對於熱衷於品管、全面品質管理的企業來說，最高興的就是獲得戴明獎（Deming Prize）的肯定。

戴明獎是為了紀念美國統計學家戴明（William Edwards Deming）的功績而設立的獎項，因為他把品質管理的想法帶進日本，對日本產品的品質提升貢獻良多。獲得戴明獎的肯定，也就是讓世人知道，這家公司的產品擁有優良的品管。

也正因為如此，不知道從什麼時候開始，很多企業誤以為獲頒戴明獎，就是全面品質管理的終點。然而，豐田卻將一九六五年獲頒戴明獎視為起點，之後也持續熱心推動全面品質管理的活動。

事實上，在獲獎之後，豐田祭出了新方針：「推動以本公司為中心，涵蓋供應商、經銷商等，所有相關企業在內的綜合性品質管理活動。」

換言之，豐田認為得獎不過是站在起跑線上，除了豐田公司本身以外，包含集團企業、經銷商、協力廠商在內，都要徹底推廣品質管理的想法，並努力提升品管水準。一旦認定「這個好」，豐田的進度管理就是要無窮無盡的持續下去，並不斷發展、改進。

3 沒有正確答案的事，怎麼找解答？

當客人詢問：「這對健康好嗎？」應該不會有業務員問一句答一句的說：「是，這對健康很好。」一般的業務員一定多少都會加油添醋，回答顧客：「不但好，還可以讓人放鬆呢。」

豐田的進度管理還會做得更徹底一些。針對問題反覆詢問「為什麼」，摸索原因、思考改善對策的同時，主管也會因為認為要達到一個目的，有好幾種方法，而要求部屬提出多個不同的方案。

甚至當決策已經進展到最佳方案時，主管還會理所當然的追問：「真的沒有其他方法了嗎？」

而象徵這種特徵的詞彙，就是「臨門一腳」和「再想五分鐘」。

佐佐木紫郎負責開發第一代 COROLLA 車款，又在研發第二代、第三代車款時擔任主任技師。他認為，要打造一輛好車，有兩個訣竅。

第一個訣竅，就是在設計的早期階段解決問題、奠定品質基礎的「提前參與」（Front Loading）方法。另一個則是「最後堅持」。

不論提前參與執行得有多徹底，等到進入生產階段後，有時還是會發現該修改的地方。此時，佐佐木紫郎不會因為顧慮變更會給許多人帶來麻煩、事到如今已經不能再改了而客氣，他甚至會去向生產準備部門下跪，求對方讓他修改，這正是左右汽車未來的最後堅持。

佐佐木紫郎表示：「為了打造出一輛好車，絕對不能中途放棄，必須堅持到最後。主任技師把自己的想法全部寄託在最後堅持上，而且要意志堅定的傳達，就算是生產準備因此天翻地覆，也在所不惜。」

「再花五分鐘」也有異曲同工之妙。即使已經決定「好吧，就這麼做了」，還願意多花五分鐘、再多思考一下的堅持。這種執著之心，正可打造出更好的產品。

有關於思考的執著之心，豐田英二表示：「輕輕鬆鬆就可以找到答案的問題，不算是下判斷；不知該怎麼做才好的時候，才需要下判斷。」然後他又接著說：「對於時代的潮流，我們好像懂，又好像不懂。然而，只要我們拚命的想，有時的確會出乎意料的覺得自己懂了。一旦覺得懂了，就會自信的認為只要走這條路就好。等到執行下去、一切順利後，又可以更強化自己的信心。」

當然，骰子不能隨便亂丟。

「要想出一條好像不錯的道路，難道不應該拚死拚活的去思索嗎？」不論網路或人工智慧再怎麼發達，最後下判斷的還是人。所以，你的未來取決於，你有多認真的去思考。

流程是一場接力賽，一起煩惱、一起行動

現任豐田總經理豐田章男也指出，仔細思考是豐田成長的原動力。

在商場上面臨的問題，並沒有所謂的正確解答，也沒有人可以幫你判斷這是不是正確解答。豐田章男如此表示：「**不斷煩惱，然後去做……我想豐田就是一家這樣的公司吧**。也就是比別人多一些煩惱，比別人多接觸顧客，然後去執行的公司。我希望找回這樣的 DNA。與其只有一個領導人在思考，不如讓**所有員工一起煩惱，大家覺得贊同時一起行動**，我想這種公司絕對很強大。」

在運動的世界裡，短短幾秒鐘的差異，可能就是勝負的關鍵。

例如，日本箱根驛傳（編按：正式名稱為東京箱根間往復大學驛傳競走）是一種十個人參加的接力賽跑，假設每個人都能再快一秒鐘，最後總成績就會快上十秒鐘，這十秒鐘的差距對於排名和種子權（編按：次年度可直接參加決賽的權利）有極大的影響力。

在商場上，幾乎不會意識到一秒鐘的存在，不過我認為「再想五分鐘」的執著，應該是不可或缺的。

留下名言「天助自助者」的作家斯邁爾斯（Samuel Smiles），曾在他的著作《自助論》（*Self-Help*）中提到：「只要向前多踏出一步即可。」

這是古代斯巴達的某位父親，在兒子抱怨劍太短時的回答。問題不在於劍的長短，只要向前踏出一步即可，再向前踏出一步，劍就可以刺到對手身上，更可以提高自己的士氣，掌握作戰主導權。

4 人人動手打掃，是生產力第一要件

工作做得好的人，會重視所有與工作相關的大小事。舉例來說，他會遵守約定，即使是小到連對方都忘記的約定；就算用的是老電腦，電腦系統也像經過重新調校、優化，像是為他量身訂做的一樣。

一講到整理，可能有人會覺得和工作本身沒什麼關係，甚至還有人會說：「全都交給清潔人員就好了。」

然而豐田生產系統非常重視所謂的「5S」，也就是整理（Seiri）、整頓（Seiton）、清掃（Seisou）、清潔（Seiketsu）、素養（Shitsuke）（編按：以上五個名詞的日文發音都是S開頭），認為這是工作的基礎。

比方說，如果不能確實整理、整頓，就無法在必要時，備妥必需數量的必要物品。在不乾淨、灰塵滿天飛的現場，也很難生產出高品質的產品，如果地板上到處都是黏膩膩的油汙，甚至可能影響工作人員的安全。

對所有的工作來說，5S 都是不可或缺的原則。在工作中排入實踐 5S 的時間，親自徹底執行，這就是豐田生產系統的做法。

要維持 5S 的狀態需要花一點時間，但這些時間可以換來更好的工作效率，讓工作更充實。

某事務機器廠商想爭取母公司的新訂單，卻被母公司的人以「我們不可能下單給這麼髒的工廠」為理由回絕。的確，因為母公司要採購的事務機器非常精密，不容許有一點灰塵；而且母公司的生產方式，是接到客戶訂單後才生產，所以必須確保極佳的品質。

因此該公司新上任的負責人B先生，就提案要全公司實施 5S。先在公司內部成立小組，區分出不要的東西和必需品，然後毅然決然的處理掉用不到的，只整理必要的物品。B先生本人也積極投入，因為就算是不要的物品，過去也花了公司大把銀子採購，特別是要處分高價位的物品時，就必須請公司負責人B先生下決定。

其次著手的是清掃。

該公司原先是將清掃工作外包，所以就算看到明顯的垃圾或髒汙，員工也視而不見，因為**他們都覺得，清掃不是自己分內的事**。B先生為了改變員工的心態，指示全體人員必須投入清掃工作。依照機臺設備決定清掃負責人，將廠區的地面和牆壁分割成A2紙的大小，每一區各有專人負責，動員全體員工的力量，將環境打掃乾淨。

一開始有些員工抱怨這不過是在浪費時間，但因為連B先生及高階幹部、管理階層都加入清掃，只得一起投入。就這樣，該公司終於可以站在落實5S的起跑線上了。

效率很重要，但有些事情絕對不能省略

等到廠區變得乾淨整齊之後，B先生又陸續導入豐田生產系統其他的手法。不久後，該公司的製造力終於有了顯著的提升，不但順利接下事務機器的訂單，也可以在集團公司中誇耀自己擁有最頂級的品質，落實了自己的工作環境由自己打造的意識。

為了維持這樣的狀態，B先生接下來提倡的是「十五分鐘的美麗時間」。

每天下午三點一到，就停下所有產線，所有員工拿著抹布、掃帚，開始清掃地面、樓梯，甚至是走廊，不留下任何一點垃圾。

環境已經常保清潔了，是不是就不用再特意空出十五分鐘打掃？公司內部出現這種聲音，但B先生強烈反對：「有人覺得把打掃工作外包，在這段時間內依舊維持產線運轉，比較有效率。的確，如果只看生產力，這麼想或許是對的。可是停止產線、靠自己的雙手去把工廠打掃乾淨，這樣做也有很多收穫。徹底摒除浪費是必要的，但是我認為，也有一些事是不可省略的。」

十五分鐘的美麗時間有幾項含意：

- **展現意志，自己的職場由自己守護。**
- **展現決心，生產更好的產品。**
- **做好準備，迎接來訪的顧客。**
- **提供思考線索，想想怎麼做才不會弄髒職場環境。**

其實很多導入豐田生產系統的企業，都和B先生的公司一樣，會利用上班前五分鐘，或是下午的十分鐘，由全體員工一起動手清掃。

乍看之下，可能會以為這是浪費時間，不過如果可以因此創造出更大的價值，就不算是浪費。這不能光看表面的效率，而是要根據這段時間所帶來的價值和效果來判斷，這就是這套系統的思維。

5「觀察」的時間不能省，怎麼觀察？

現場必須能一目瞭然，這是豐田生產系統進度管理的思維，也是更有效運用時間的原則。另一方面，現場的問題與原因，往往無法一眼看出。就這一點來看，仔細花時間好好觀察，反而更有效率。

大野耐一也一直強調仔細觀察現場、直到了解為止，非常重要。

某家公司剛導入這套系統，其改革推動負責人曾有這樣的經驗。

大野耐一持續觀察現場之後，說：「那位作業員的動作很奇怪耶。」推動負責人聽了之後，表示不明白他的問題，大野耐一就進一步說明：「看他的手腳動作，經常在變。如果不是做事的方法不好，就是有什麼地方很勉強，應該好好查清楚。你只要站在這裡看一整天就會知道。」

如果覺得可能有問題，就在現場看到自己能理解為止，即使要花上一小時、甚至是兩小時也無妨。這麼一來，自然可以釐清問題的關鍵，這正是大野耐一的想法。

某次大野耐一為了指導豐田生產系統，而去拜訪一家公司，當時發生了以下的事。大野耐一觀察一輛十五噸貨車卸下零件的狀況一段時間後，就問該公司的第二任總經理C先生：「這項作業要花幾分鐘？」C先生從來就不關心這種事，連想都沒想過，隨口就答了：「大概十五分鐘左右。」

然而，大野耐一不滿意這個回答，便站在那裡觀察作業的動作。結果過了大約十五分鐘後，就斥責了C先生一行人：「你們自己看看！根本就不可能在十五分鐘內完成啊！要從這麼大一輛貨車卸貨，是很花時間的。去換一輛比較小型的貨車，這實在太浪費了。」後來C先生調查，才發現卸貨作業，竟然要花兩個小時以上。

當總經理回答十五分鐘時，一般人大概不會去質疑，甚至根本就不會有要花幾分鐘的疑問吧。

C先生想起公司創始者，也就是他父親對他說的話：「大野先生只要覺得某件事不能理解，他就會在現場待上半天，甚至是一整天。知道嗎？你要好好學習他這種做法。」

當下他聽了之後沒放在心上，覺得看著資料文件工作比較有效率，甚至覺得大野耐一長時間待在現場的做法，缺乏效率。

可是事實上，觀察直到理解為止，才是效率化的基礎。

花上幾小時，看到懂為止

豐田前總經理渡邊捷昭剛進公司時，最先被分發到人事部，負責派餐的工作，工作的內容就是管理單身宿舍及員工餐廳的伙食，工作並不繁重。但渡邊捷昭認為，不能因為工作不繁重，就什麼也不做，「總之先去現場吧」，所以他經常去元町工廠。

到了現場，他就一直仔細觀察，結果發現員工餐廳有許多浪費、不協調、不平衡的狀況。

他因此有了許多想法，比方說：「白飯與其一碗一碗裝到便當盒裡，改放在大飯鍋內，讓員工自由拿取，是不是更有效率？」「與其用餐券，不如用現金，好像更省事。」這些都不是坐在辦公室裡、看著書面資料，就可以想得到的事。

後來渡邊捷昭就根據他在現場的發現，逐一著手改善員工餐廳過去仰賴經驗與直覺運作的營運方式，減少多餘的進貨和剩餘的伙食，並改善菜色。全面品質管理活動推動小組注意到他這樣的舉動，於是邀請他成為小組成員，進一步改善員工餐廳等。

踏遍現場的每一個角落，反覆詢問「為什麼」，最終獲得改善的經驗，正是渡邊捷昭的原點。

大野耐一常常會命令年輕的豐田人：「在現場畫個圓圈，站在中間。」一開始大家可能不知道為什麼要這麼做，等到站在那裡幾個小時，有時甚至是幾天、仔細觀察後，就會恍然大悟。大野耐一用這樣的方式，培育出許多人才。

只要有一點不明白的地方，就待在現場幾個小時，仔細觀察。這種做法不是浪費時間，而是不得不花的時間成本。

6 問題一發生就當場逮住，絕不稍後處理

失敗的時刻很重要，因為一個人的評價，不是根據失敗的事實來決定，而是取決於這個人如何因應失敗。

工作上發生事故或異常時也一樣，是要花時間徹底解決，還是先應付一下再說，這兩種處理方式的後續發展完全不同。當發生事故或異常時，一定要不惜耗費時間、當場仔細因應處理，這是豐田進度管理的做法。

例如，產線出現不良狀況（瑕疵品或不順利）時，就會立刻停止產線。在製造的現場停下產線，顯然會造成損失，所以也有人會想：「就先把不良品放一旁，之後再修正就好了，不要停止產線、繼續生產比較有效率。」

然而，這種「有效率」，只不過是表面上看起來有效率而已。

豐田生產系統會立刻停止產線，找出問題的真正原因、加以改善，之後就不會再出現相同的狀況，也不會出現需要修正的浪費。另一方面，如果不停下

產線、繼續生產，之後很可能會不斷出現狀況，必須花很多時間去修正，甚至還可能發生更嚴重的異常，造成產線長期停擺。

換句話說，豐田這種停止產線的做法，是犧牲眼前的時間，而去節省更多的時間。如果不肯犧牲眼前的時間，只不過是當下省事，卻必須承擔之後損失更多時間的風險。

例外都不放過，零瑕疵為止

對此，大野耐一的因應之道，就是做事盡可能的徹底。

有一次負責安裝螺帽、夾具等零件的豐田車體工廠，被後製程的工廠退貨，因為車體框架上的夾具脫落了。

這種不良品大概每一千件可能發生三件，當時的全面品管將其視為例外來處理，因為他們認為：「這種程度的不良品真的無可奈何，沒有必要花時間查明真正的原因。」不知不覺中，工廠的處理方式就變成「之後再修就好了」，而把這些不良品放在產線外。

大野耐一發現這個現象後，就把工廠的技術指導員D先生叫來大罵，要求D先生：「給我徹底找出到底是在哪一個步驟出現不良品的！」

豐田生產管理的改善前提，就是當場逮住問題。只有掌握住發生問題的當下，才能找出真正的原因。

工廠很大，可疑的現場很多，甚至還包含了D先生管不到的後製程機械工廠和組裝工廠等，要找到發生問題的現場，所花的時間難以想像。D先生雖然認為，只要車體工廠再把夾具裝回去，不就好了，但他這種藉口，無法得到大野耐一的認同。

所以，D先生只好到每一個可疑的現場，一直站在那裡看，兩天的時間就這樣過去了。後來D先生真的受不了，就去向大野耐一報告：「我找了兩天，還是找不出來。」結果大野耐一回答他：「那你就繼續找，直到找出來為止。」

換言之，之所以找不到問題，是因為沒有一直找，要堅持到找出來為止。於是D先生又繼續在工廠繞，終於在第三天發現了夾具折斷的現場，他立刻和負責的人一起改善，從此之後就不曾再發生相同的狀況了。

大野耐一連例外都不放過。他認為例外的不良品，更應該好好查出真正的原因，唯有做到這種程度，才能接近最終的理想目標，也就是「零瑕疵品」，這就是他的信念。

為了掌握住問題發生的現場，讓技術指導員花了三天時間，在工廠內走來走去，乍看之下會覺得很浪費時間。或許會有人因此放過這種瑕疵品，以為這種例外的不良狀況，真的無可奈何。

這麼做或許可以省下眼前的時間，卻無法消除例外的不良狀況，瑕疵品和修正造成的浪費，也會持續下去，這樣說不上是節省時間。為了消除將來仍舊會繼續累積的浪費，豐田生產系統不惜花費眼前的時間。此外，也會充分花時間在人才培育和建構信賴關係上。

明確區分應該嚴格節省的時間，以及應該大膽使用的時間，這一點很重要。如果不這麼做，人很可能會停止思考，被惰性左右。

7 時間用在讓部屬自己找解答

好的主管不會說教，相對的，他會提供有吸引力的提示，詢問：「你覺得如何？」然後等待部屬的意見。此外，好主管也不會給答案；他會提供建議、數字等，很有耐心的協助部屬自行找出解答。換言之，好主管會在部屬身上花時間。

關於豐田的人才培育，某位豐田人曾這麼說：「要說什麼是必要的，其實就是自己去找出解答。在改善時，人們會希望盡快得到解答，所以在指導部屬時，要有點耐心，問問他：『你覺得如何？』然後加上『這個解答比豐田生產系統的想法更進一步了』、『這反而是退步了』等評語，讓部屬理解。」

如果只是追求縮短工作時間，下命令指揮部屬那裡要這樣做、這裡這麼做就好，反而比較有效率。

然而，豐田生產系統絕對否定這種做法，認為「別搞得像個虎媽」。先讓部屬自己思考，當他有了主意，就提供建議；有時也放手讓部屬去做，然後視結果再讓他去思考，這就是豐田進度管理的做法。

至於為什麼要用這麼花時間的方法，某位豐田的優秀人才E先生，提供了他年輕時的經驗。

當時主管命令E先生去進行某項改善。他雖然想出了幾個方案，卻無法鎖定一個方案來實施，結果主管什麼都沒說，只是指出每一個方案的優、缺點。E先生因此得以鎖定一個方案，完成改善的任務。

當他去報告工作狀況，結果主管問他：「你看到結果了嗎？」E先生於是再回到現場，又發現還有幾個問題，就再次著手改善。

之後他再向主管報告，這次主管問他：「你可有把這個改善『橫展』？」所謂的橫展，指的是橫向擴散，也就是將成功的改善經驗，推廣到其他產線與部門。據說E先生當時也不禁覺得：「這樣下去，真是沒完沒了啊。」

這樣來回不知幾次之後，有一天，E先生突然對於自己想到的改善方案有了信心，開始認為「就照自己的想法做看看」，而不再事事請教主管的意見，後來E先生終於可以很有自信的依照自己的想法，去推動改善對策。

同時，主管交辦的課題也越來越困難，不過最後E先生終於可以說：「培育人才時要逐步提高目標，一開始從『去修正這個製程』開始，然後變成『去修正這條產線』，甚至是『修正這個工廠』，最後是『讓那家公司由虧轉盈』，逐步提高門檻。因為我受過大野先生的訓練，現在就算叫我去重整某家虧損的公司，我也不會驚慌失措。」

不要節省培育人才的時間

沒有誰一開始就是專家，特別是像日本這樣，以大學畢業生為就業主力的環境，原本就是先聘僱人才，然後再悉心培育，而不是講求立刻可派上用場的即戰力。

問題在於培育人才的方法，如果一邊給答案、一邊培養，帶出來的人應該就只會聽命行事吧，而且這樣無法培育出超越公司與主管的人才。另一方面，雖然培育人才時不提供解答、讓對方自己思考，不但花時間，而且有時候還會失敗，卻可培育出在工作上懂得觸類旁通的人才。

培育人才很花時間，過去的說法是：「培育出一個能獨當一面的人才，要花三年的時間。」或許有人會覺得三年很長，其實這是有原因的。

某流通業的人事負責人表示，就算讓一個人只負責買菜，要讓他累積春、夏、秋、冬四季的蔬菜採購經驗，也要花上一年；如果還要讓他具備在豐收或歉收年度採購的經驗，至少需要三年。就算是一般的業務人員，第一年和前輩們一起拜訪客戶，第二年獨當一面，第三年帶領新人，這麼一輪下來，也要花上三年。

現實社會中，很多企業因為沒有那麼充裕的時間，可以慢慢培育人才，所以就算是剛畢業的新鮮人，也要當成即戰力來用。不過，就算比其他人更嚴格要求減少時間浪費，但在培育人才上，也會花上比別人多一倍的時間，這就是豐田讓時間利用更有效率的方法。

8 花時間建立信賴關係

缺乏信任是做生意的風險，也是高昂的成本。公司裡如果瀰漫著不信任的氛圍，便不能有默契的配合，不但做任何事都要花上很多時間，而且也不會確實執行。又或者，萬一被顧客或供應商貼上標籤，認為「那家公司不行」，產品就會越來越難銷售出去，落入員工不斷流失，卻沒有人來應徵的惡性循環。不論是什麼樣的公司，生意都會因此越來越難做、業績萎靡不振。

豐田生產系統會以十年為單位，花時間建立信賴關係，這是豐田在一九五〇年的慘痛經驗所帶來的教訓。當時因為經營危機引發勞資爭議，破壞了公司和員工之間的信賴關係，結果有超過一千六百位員工自願離職，連一直堅持不裁員的總經理豐田喜一郎，都不得不引咎辭職。

在勞資爭議期間，據說有位高階經理人曾因為勞方文件不齊，很高興的表示：「我們贏定了。」

後來繼任總經理的豐田英二曾勸戒該經理人，如果為了獲勝，不惜去挑文件的毛病，一定會失去員工對公司的信任，禍留將來。就算是在勞資爭議的勝敗關鍵時刻，豐田英二還是抱持絕對不能背叛、欺騙工會會員及員工的信念。甚至在大批員工離職後，他還是表示：「和自己一同並肩作戰到現在的人離開了，自己留了下來。我深深體會到，這樣的經驗一次就夠了。」

豐田經過這次勞資爭議事件後，學到了三個教訓：

①生產過剩會搞垮公司

這也成為後來豐田生產系統的核心思想之一。

②零負債經營

之後豐田打造了穩固的財務體質，甚至被人稱為「豐田銀行」。

③勞資互信的重要

這也奠定了豐田生產系統中共存共榮的想法。

一九六二年，豐田的勞資雙方簽訂了勞資宣言，內容如下：

「我們在此宣誓……為協助日本產業與國民經濟的成長發展，讓日本的豐田邁向世界的光榮，公司和工會將互相合作，攜手努力。」

簽訂勞資宣言之後，豐田英二回顧這段歷程時，如此表示：「我們花了十年的時間，才讓勞資之間的信賴關係順利扎根。」之後豐田搭上高度經濟成長的列車，勞動條件、薪資都水漲船高，勞資關係也朝著良好的方向發展。

豐田生產系統是建構信賴關係的系統

豐田英二的回憶，讓我聯想到指揮家佐渡裕的這句話：「和一個交響樂團合作，只要失敗一次，就要花上十年修復關係；但是成功的話，未來十年都可以維持這種良好的關係。」

如果做事值得他人信賴，別人就會想再度與你合作，形成長久持續的良好關係；萬一信賴關係遭到破壞，就得花很長的時間才能修補。

傑克・威爾許（編按：奇異公司的第八任執行長）也曾說：「消費者賞我的一巴掌，即使過了十年，巴掌印還留在我的臉上。」

甚至連號稱股神的大富豪華倫・巴菲特（Warren Buffett）也這麼說：「要贏得良好聲譽，需要花上一輩子；要毀掉它，五分鐘就夠了。」巴菲特從小就做些小生意、投資股票，大學時拜名師為師，二十歲左右就已經是出色的投資人了。然而，當時不論他怎麼表達投資意見，都沒有人想認真聽。

直到他累積更多投資實績之後，才真的有人想聽他的意見。到了現在，他已經九十一歲了，全球投資人為了聽他的意見，擠破頭也想參加他公司的股東大會。他花了很長的歲月，終於得到社會的信賴。即使他已經如此受人敬重，可是萬一他有壞消息登上報紙頭版，信賴關係就會瞬間化為烏有，所以巴菲特才會留下這句名言。

人與人之間、人與企業之間的關係，都是建立在信賴的基礎上。豐田生產系統不單只是製造產品的系統，也是建構信賴關係的系統。

9 以實驗做出典範，讓大家看著學習

如果創新不可或缺的三大要素是實驗、學習、果斷執行的話，我們應該把利用時間的重點，分配在哪一項要素？

因為豐田生產系統視發明家豐田佐吉為開山祖師，所以也特別將時間重點分配在實驗上，以求提高成功機率。

汽車是國際化的商品，所以自然要邁出國門，開拓全球市場。豐田也在很早期的時候就想著要進軍世界——尤其是美國。

所謂很早期，指的是日本車還沒有實力奔馳在美國高速公路上的時期。事實上，一九五七年豐田出口皇冠（CROWN）車款到美國，一九六〇年又出口 CORONA 系列，後來一度被迫退出美國市場。一九六四年恢復出口時，日本車已經有了令人驚豔的發展，隨著 COROLLA 車款問市，豐田在美國市場的銷量也一口氣攀升。

即使如此，當豐田考慮是否在美國當地生產時，態度卻極為謹慎，只要有一點風險就絕不出手，甚至被人質疑：「豐田到底在做什麼？」

豐田英二表示，如此謹慎的原因在於：「要在外國工作，就不能夠隨隨便便，一定要有相當的覺悟才能去做。」具體來說，他的意思就是，必須考量到公司和全美汽車工人聯合會（United Auto Workers，簡稱ＵＡＷ），以及和零組件供應商之間的關係。

在豐田式的製造生產中，貢獻智慧來工作的員工和透過即時生產（Just in Time）供應零組件的供應商，是不可或缺的存在。如果缺乏這兩項要素，就不可能在美國推動這套系統。

就算是一般公司，要單獨進軍經營環境和勞動條件都迥異於日本的美國，或在美國當地生產，都不是一件容易的事。更何況當時連在日本，豐田生產系統都被視為異數，因此要在美國落實，可想而知更為困難。

於是，豐田英二由實驗性進軍開始，也就是和通用汽車（General Motors，簡稱ＧＭ）合資成立新聯合汽車製造公司（New United Motor Manufacturing, Inc.，簡稱ＮＵＭＭＩ）。

比立刻動手做還重要的事

豐田生產系統在創新時，絕對不會採取一覺醒來就全部翻盤的做法，這樣做雖可說是震撼療法，卻很難說是有效的。它崇尚的做法，是將其中一部分的產線打造成模範產線（Model Line）：

①可以利用模範產線做各種實驗並逐步改善。

②看得到改革，員工可以「看著學習」。

③可參與實驗，員工可以「親自去學」。

在美國也是一樣，一九八四年開始投入生產的NUMMI公司，就像是某種模範產線。首先由合資公司開始，一邊學習美式做法，讓這套系統更精良，也為後續的單獨進軍做好準備。

豐田在這家公司花了幾年的時間，慎重的磨練這套系統，然後在一九八八年開始在美國肯塔基工廠（Toyota Motor Manufacturing Kentucky）生產，最後終於開始單獨生產。

肯塔基工廠的負責人，是大野耐一的直系弟子張富士夫，他後來也升任為豐田的總經理、董事長。在他身上，可以感受到要讓豐田生產系統在美國開花結果的決心。

大野耐一對他這麼說：「小張，豐田之所以在肯塔基開工廠，不是為了我們本身的利益，而是為了要振興美國汽車產業，你要抱持著這種信念才行。」他甚至還這麼說：「這不是為了日本，不如說是為了美國。」

豐田在創業期間，向福特等許多美國企業學習、獲利良多，大野耐一應該也有報恩的想法，想為陷入困境的美國廠商做些事情吧。

事實上，豐田生產系統跨海登陸美國，影響了許多公司，成為在全美普及的精實生產之前身。美國的風土文化都和日本迥異，這套系統之所以能在美國推廣開來，說穿了，都是因為豐田投入了極長的時間做實驗。

第3章

主管如何縮短部屬工作時間？

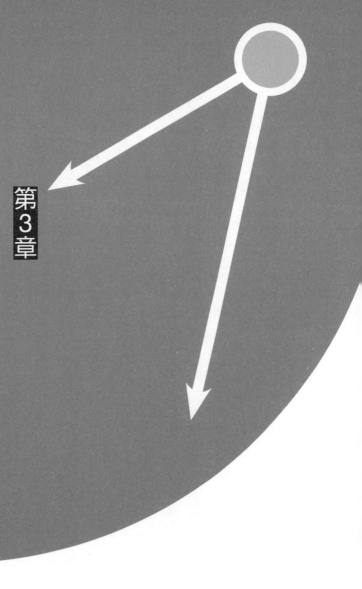

1 別從工作著手縮短時間，要從時間著手減少工作

要做的事很多，時間卻永遠不夠。

豐田生產系統摒除時間的浪費，創造、統整了更多的時間，並集中使用在該用的地方以提高效率，結果順利縮短工作時間，也舒緩了時間不足，甚至是金錢、人力不足的窘境。

這套系統縮短時間的代表案例，莫過於「快速換模法」（Single Minute Exchange of Die），看看這個方法實踐的來龍去脈，就可以清楚了解。這套系統的目標就是「一個流」生產，也就是脫離量產的方式，配合顧客的購買習慣——各種不同的東西只買一個——在生產時，也是一件一件生產。

這是一條充滿荊棘的道路，其中最大的障礙就是換模的時間。改變生產的產品時，就必須更換模具和零件，也必須重新調整機械，這就是所謂的換模。

換模時必須停下產線，無法生產任何產品。

一九六〇年代中期，豐田內部的五百噸、一千噸沖床（編按：將金屬沖壓成各種結構的機器），需要**花上二至四個小時才能換模完成**，每生產一個就停下產線那麼久，生產速度當然極端緩慢。實現一個流的關鍵，就在於能將換模時間縮得多短。

豐田人在大野耐一的指示下，開始著手改善，找出了劃時代的方法。

換模包含兩個部分：其一是必須停下機臺才可進行的「內部換模」；其二是即使機臺在運轉中，也可進行的「外部換模」。所以豐田人想到的是，如果把以前內部換模的部分都改成外部換模，就可以大幅縮短換模的時間。

豐田人依此推動改善的結果，成功讓換模的時間縮短到一個小時以內。然而，大野耐一對這個結果仍然不滿意，他設定了幾乎不可能達到的目標：**把時間縮短到三分鐘**。

不到十分鐘即可完成的換模方法，稱為快速換模法，大野耐一希望一口氣達成這個目標。

唯快不破：量產就在比速度

當時就算是德國的福斯汽車，也要花上兩個小時才能換模，能在一小時內換好，已經可說是世界紀錄了。改善成員聽到大野耐一的要求時都嚇呆了：「要一口氣縮短到三分鐘……這絕對不可能。」不過，其中也有人認為，只要更徹底執行豐田生產系統的改善方法，說不定能做得到。

所以改善活動又再次啟動了。他們進一步減少內部換模的部分，改成外部換模，甚至針對工具與模具也加進了巧思，設計成只要一按（one touch）即可更換。緊固具則不再使用螺栓，甚至在細節部分，還想出只要轉一圈即可鎖緊的方法，**據說共進行了超過一百項的改善，結果，真的成功讓換模時間，縮短到三分鐘了**。

對於豐田生產系統來說，這可是一個重大的里程碑。時間就是最主要的制約條件之一。

製造最重要的就是生產速度、量產。這套系統「在必要時、使用必需數量的必要物品」的要求，一直以來可說是和速度及量產化長期相互對立的，結果因為建立快速換模法，得以完美的解決。

管理學大師彼得・杜拉克（Peter Drucker）曾建議以下的時間管理方法，以創造成果：

①分析時間花在什麼地方。

②去除占據時間的非生產性要求。

③彙整改善之後產生的時間。

很多人說杜拉克的想法，和豐田的這套系統有很多共通之處，進度管理應該也是其中之一，杜拉克還曾表示：「做出成果的人，不會從工作開始著手，也不會從計畫開始著手，而是會從時間開始著手。」

大野耐一對於三分鐘的指示，也正是從時間開始著手的想法。

2 「等」的時間，要縮短到零為止

豐田進度管理縮短時間的目標，是改善到零為止。不過如果突然下達這樣的指令，員工大概也只會覺得困惑，認為：「這不可能啦。」此時，它的智慧就是，改變時間的單位去思考。

有一家醫院為了縮短病患等待的時間，而導入豐田生產系統，他們是這麼做的。該醫院院長過去曾在大學附設的教學醫院工作很長一段時間，技術精湛、人品敦厚，因此總是有很多病患慕名而來，是當地很受歡迎的醫院。

但是院長有一個煩惱，就是病患等待的時間太長，經過調查發現，病患平均要等上一個半小時才行，所以院長就指示職員，想辦法縮短等待的時間。

職員提出了放按摩椅、導入免費飲料吧、增加報紙和雜誌數量等建議，院方照做了，也的確收到部分病患的好評。可是這些提案，只不過是讓等待時間更為舒適的補救方案，重點還是在於不要讓病患等太久，才不會浪費他們的時間，所以院長就尋求豐田生產系統管理顧問的協助。

顧問花了一個月的時間調查，結果在業務面發現超過一千件的浪費，這些浪費累積起來，正是拉長等待時間的元兇。再進一步調查得知，很多浪費的原因，都來自於整理、整頓的不完善，或東西太多影響動線。因為整理得不夠，所以要花時間找病歷，也花很多時間準備必須的醫療用品。東西太多，人就行動不便，甚至還可能發生危險。

因此，顧問建議徹底執行院內的整理、整頓，徹底落實豐田進度管理的五S基礎。

- **只留下必要的物品，捨棄不需要的。**
- **要整理到連新職員都能掌握物品有幾個、放在哪裡。**
- **能立刻取出必需品。**

結果醫院內的空間更寬敞了，職員也不再有多餘的浪費動作。把病歷表比擬成豐田生產系統中的看板，診療過程也更為順暢，還可以立刻知道到底讓病患等了幾分鐘。

如此兩個月過後，原本長達一個半小時的平均等待時間，最後縮短到一個小時以內。

改善到「自己不必做」為止

然而，這位管理顧問，卻進一步建議已經感到滿意的院長：「讓我們把等待的時間改善到零為止吧！只要把時間的單位由小時變成分鐘、再由分鐘變成秒，一定可以做得到。」

不要看成是縮短到一個小時以內，而是根據分鐘的觀點去找尋改善點，以便讓六十分鐘縮短成五十分鐘、甚至是四十分鐘。然後，不要看成是縮短到一分鐘以內，而是根據秒的觀點去找尋改善點，以便讓六十秒鐘縮短成五十秒鐘、四十秒鐘。

就算一個改善只能縮短幾秒鐘的時間，但好幾項改善累積下來，就是好幾分鐘。如此累積每一日的改善，「不再讓病人等待」，就不只是遙不可及的夢想，結果正如這位顧問所言。

豐田進度管理認為，改善沒有盡頭。舉例來說，獲得成本降低二〇%、時間縮短一半的成果時，如果就滿意的覺得：「太棒了，這樣就好了。」人自然就會鬆懈下來，慢慢的原形畢露，這樣的案例不在少數。

有時候也會因為環境改變，或是競爭對手迎頭趕上等，而讓輝煌的成果化為烏有，所以重要的是以「變成零為止」為目標，持續不斷的改善。

某位豐田人的目標是，改善到連自己的工作都不必做為止。原本八個人做的工作，改善後只要六個人就可以完成，再進一步改善到只需要四個人、三個人……最終目標就是不需要花人力去做。有人批評，這種做法就像是為了讓自己失業而改善，不過這種看法有點膚淺。

能夠改善到**連自己的工作都沒必要做為止**，實在是非常了不得的能力。如果有這麼強大的改善能力，那麼不論在哪個部門的哪個職位上，一定都可以發揮實力，所以這種人不但不會失業，反而會成為大家搶著要的人才。

3 讓大家不努力也能把工作做好

人是無法計算的複雜存在，人們對於某件事喜好與否，甚至是辦不辦得到的工作能力，常常說變就變。大野耐一將這種特色，用工時（man-hour）、人力（manpower）的說法來表現。

例如，當主管要求在六十天內完成某項工作時，我們會盤算：每一天的工作量是多少？自己一人辦得到嗎？如果辦不到，必須幾個人才行？然後回答：「包含我在內，只要三個人就足夠。」

這種計算的前提就是工時。所謂的工時，指的就是一位作業員在一個小時能完成的工作量。根據工時，可以算出必要的人數與時間，然後再算出預算等數字。

這個概念可說是製造的前提，可是大野耐一經常這麼表示：「工時算得出來，可是人力算不出來。」

只是單純計算工時，然後判斷目前的人力夠不夠、是否需要多一些人，光這樣是不行的。人力，也就是發揮人類的智慧與巧思，將辦不到的事情化為可能，這正是豐田生產系統的本領。

打造出不努力也可以的架構

一九六六年問市的COROLLA車款爆紅，不只在日本成為汽車普及大眾的導火線，全球的銷售業績也長紅。生產部門的領導人大野耐一，原本預估月生產量為五千輛，結果才沒幾個月，就必須增產到一萬輛。

在這種狀況下，充分突顯出工時和人力的差異。大野耐一當初指示負責引擎的課長：「用一百位以下的員工生產五千輛。」結果兩、三個月後，課長就來報告：「我們成功用八十位員工生產五千輛了。」

但因為COROLLA賣得太好，大野耐一就問課長：「生產輛數翻倍到一萬輛，需要幾位作業員？」課長回答：「一百六十位。」

大野耐一立刻爆怒：「八十乘以二等於一百六十，這種算數小學就教過了，你當我是白痴嗎？」

如果用計算工時的角度來看，八十個人可以生產五千輛，所以生產一萬輛就必須有一百六十個人，計算本身並沒有錯。但豐田生產系統認為，在工作的過程中，一定存在著浪費，只要改善這些浪費，原本需要十人的工作，就可以用八個人或七個人完成，這種發揮人力的做法，大野耐一稱之為忍術經營。

課長只計算工時的做法，大野耐一稱之為算術經營，他經常說不要只會算術經營，而要活用人類的智慧，也就是人力。只要發揮人力，就算是一萬輛，也可以靠一百個人生產出來，這就是忍術經營。

這裡的重點是，**忍術經營絕對不能強化勞動**。例如，為了減少人事費用，把原本應該兩個人做的事，改成只派一個人去做，這不過是強化勞動而已。去做的這個人只能拚老命的做，別無他法。**這種硬撐的勞動方式，或許可以持續一段時間，可是總有一天會出現反彈**。

需要兩個人做的事一定存在著浪費，改善這些浪費的部分，讓這項工作變成只要一個人也能完成，這就是豐田忍術經營的真諦。

某位剛升上管理職的豐田人為了展現自己的決心，對主管表示：「我一定會更努力工作。」結果主管對他這麼說：「你的工作不是要讓大家努力，而是要讓大家不努力，也能把工作做好。」

忘記人力的概念，只會計算工時，然後據此判斷人手不夠，實在是太欠缺智慧了。讓十分的人力發揮到十二分，這就是豐田生產系統的進度管理。

4 設定誇張的目標，推大家跳脫一貫想法

豐田生產系統的改善，包含了逐一減少浪費的去除浪費型改善，與挑戰大目標的解決課題型改善。

去除浪費型是勤於累積改善，不放過一分一秒的浪費；解決課題型則是提出乍看之下很誇張的目標，例如原本要花一年才能完成的工作，現在一個月就要做出來等，以推動想法和做法上的根本大改革。至於縮短時間、掌控進度，則要仰賴在兩者之間取得巧妙平衡以達成目標。

豐田集團旗下某公司曾致力於推動成本減半（Cost Half）活動，也就是不論是時間或成本，通通都要減半的措施。

聽起來好像很誇張，不過這麼做其實是有原因的：「我們雖然永遠在腳踏實地的努力減降成本，但有時還是會接到客戶要減少二〇％、三〇％進價的嚴苛要求。這種時候嘆氣也沒有用，還不如一口氣把成本減半，把多減下來的三

○%、二○%當成自己的獲利，這種跳躍性的發想很重要。考慮到競合關係，我們不是要以些微的差距贏過競爭對手，最好是大勝對手，將對手遠遠拋在腦後；讓對手不喜歡和我們競爭，才是漂亮的獲勝。」

要實現成本減半的目標，光靠些小聰明沒有用，必須從頭開始重新檢視所有內容、確實落實，才可能實現。實際上，該公司為了實現成本減半的目標，找出的課題有八十三個項目。

首先就是決定以製程內無瑕疵品、零故障時間、使用低成本的材料、空間**使用效率倍增**為目標，其他和製造相關的費用項目，也幾乎都以減少一半為目標來改善。

然後除了原材料費之外，也針對零件採購費、零件領取費、外包加工費、水電瓦斯費、物流費等變動成本，以及固定勞務費、折舊費、修繕費等固定成本，**在細節上減降成本**。

以勞務費為例，實際作業的處理時間減為二分之一，空手等待的時間減至零，步行時間與瞬停（Moment Stop，因錯誤或失誤等造成的暫停）次數也減少為二分之一等。

除此之外，還提出各種課題，如縮短製程的課題是什麼？縮短換線時間的課題是什麼？讓負責的部門與負責人去解決。這是非常繁瑣的作業，但也因為推動了這項行動，使得該公司生產力大增，也促進了員工的意識改革。

用誇張的目標，逼自己跳脫傳統想法

Panasonic（前松下電器產業）創業者松下幸之助，尊豐田中興之祖石田退三（曾任豐田總經理、董事長、顧問）為師，常常向他請益，兩人關係很好。

昭和三十年代（編按：昭和三十六年，一九六一年），當松下幸之助來到子公司松下通信工業（當時的名稱）時，總經理和幹部都愁眉深鎖。一問之下才知道，這是因為豐田提出了「車用收音機降價兩成」的要求。

豐田這麼要求是為了增加外銷，所以希望供應商配合。但當時松下的這項產品只有三％的利潤，如果降價兩成，表示公司會有極大的虧損，所以大家才會愁眉深鎖。

松下幸之助於是做出下列指示：「性能絕對不妥協，設計也不變，即使降價兩成，我們還必須有一成的獲利，大家乾脆朝這個方向，換個腦袋去想，從根本變更設計，如何？」

獲利要由三%提高到一〇%已經很困難了，更何況還要降價兩成，看起來實在是不可能的任務。然而松下幸之助不這麼想，如果只是二%或五%的數字，要求協力廠商配合降價，大概就可以解決了。可是如果要達成三分之一或五〇%這種**誇張的目標，就不能站在依循傳統想法的立場上**，而是得徹底換個腦袋去想，這是必要的做法。

如此一來才可能有跳躍性的成長，讓原本覺得辦不到的人也可以辦得到，這就是松下幸之助的想法。結果松下通信工業一切歸零、從頭開始思考，大約一年多之後就改革完成，達成了松下幸之助的指示。

企業的強弱，說穿了就是個人強弱的集結。成本減半的目標看起來的確過於遠大，但實際著手去做的時候，還是要每個人重新檢視自己的日常工作：是不是可以用一半的時間完成？是否可以用一半的預算完成？以此來改善。這些點點滴滴的累積，最終結果就是大幅縮短時間。

5 第一線人員反映的工作窒礙，當天就改善

「今天到此為止。剩下的明天再做。」這是一天工作結束後，很常聽到的話，但豐田進度管理則是認為：「今日事，今日畢。」

這就是做完再收工的概念。大野耐一也常說：「不要回頭看昨天的事，現在想明天的事也沒有用，總而言之，就是今天好好做。」如果是自己一個人的問題，那麼剩下的明天再做也無妨。因為人生有明天、有後天，如果凡事都堅持要今天內做完，會把自己搞得疲累不堪。

可是如果這件事和別人有關的話，又會如何？

某公司高層F先生決定導入豐田生產系統，因為一直以來該公司大量生產的做法，讓存貨越來越多，也越來越無法迅速因應顧客的訂單。採用豐田生產系統的管理方式，幾乎不會產生庫存，也可以在最短時間內因應顧客的訂單。

話雖如此，員工都已經習慣了大量生產的做法，就算是公司高層，也很難改變這種想法。所以F先生就選出一條生產線作為模範產線，然後利用這條產線，和幾位員工一起嘗試這套系統的做法。因為光用說的可能很難理解，但只要看到實際執行的樣子，應該就會了解。

不過，要打造一條模範產線，也沒有想像中那麼簡單。因為陸續就出現各種問題，像是沒有零組件、作業臺很難用、某些用具不能用等。

如果是以前的F先生，就會要求他們忍耐、盡快去習慣，但這樣就無法導入豐田生產系統，因為它的起點，就是**傾聽每一個人覺得困難、吃力的地方，然後著手改善**。因此，F先生開始落實「今日事，今日畢」，也就是做完再收工。事實上F先生也深深體會到，改善多拖一天，作業員就多痛苦一天。

如果放著不方便或不滿不管，員工就會覺得今天也很難做事，最後就會做不下去了。

相反的，就算花一點時間，也要在今天之內解決發現到的不方便與不滿，那麼到了明天一早，員工就會覺得：「啊，昨天說的地方已經都處理好了。」想法上也會更積極向前。

F先生本人的自我改革收到成效，模範產線終於穩定運轉，不久之後全公司都順利引進豐田生產系統，業績也大幅成長。

以實際執行者的滿意為本

在大野耐一的指示下，被派去改善其他公司的豐田人，在業務完成後，也常常會留在工廠工作。因為那家公司幾乎沒有人加班，所以工廠負責人就去問那位豐田人為什麼這麼做，結果得到這樣的回答：「好的改善必須有作業員配合，我聽作業員的意見來改善，即使自己覺得有一百分，但從作業員的角度來看，幾乎都只有五十分左右吧。然後我會再問作業員為什麼是五十分，接著再進一步改善，必須一直反覆進行才行。」

這位豐田人又接著說：「如果沒有作業員積極的建議，就絕對不可能達到一百分，為了得到他們的協助，我會一直重複做到他們滿意為止。」

聽了實際執行者的意見，當天持續改善。或許是受到豐田人的這種工作態度感召，不久後就獲得作業員們的信任，也以驚人的效率改善。

縮短時間這件事就長期來看，會讓工作更為輕鬆，但在推動的過程中，也可能會影響工作意願。如果讓員工覺得反正說再多也不會改善，就無法恢復他們的工作幹勁。但是如果說了就立刻改善，他們就會因為感到滿意，而湧現新的工作意願，也會發現下一個應該改善的地方，產生新的點子。

豐田的進度管理連這樣的精神層面都考慮到了，所以這套系統不會毫無意義的說：「剩下的明天再做。」因為就算到了明天，也不一定會有好的想法，今天該做的事就在今天做完，這樣才能更緊湊的利用時間，難道不是如此嗎？

6 部屬來商量時，就停下手邊工作

豐田的進度管理非常注重當下，主管與部屬之間也是如此，理由之一，就是以後再做，只是浪費時間而已。另外一個理由則是，每當主管說待會再說，就會將部屬的心向外推得更遠一些。

有位豐田人第一天帶人時，前輩教他這樣和部屬接觸交流：「部屬來找你商量時，一定要停下手邊的工作聽他說。如果無法這麼做，就要當下決定什麼時候聽他說。」

這聽起來理所當然，可是做得到的主管卻出乎意料的少。

部屬的心其實是很敏感、脆弱的。「上司忙得沒時間聽我說話」，一開始只是小小的失望，但幾次下來就會演變成「他一點都不關心這件事」的不信任感，然後這種情緒會在部屬之間蔓延開來，組織的向心力也會出現裂痕。

相反的，如果主管不論處於什麼狀況都會因應，部屬心中就會累積越多小小的感謝，最後萌生「這位主管支持我」的信賴感，甚至會讓員工覺得：「為了這位主管，我願意努力。」這也是豐田進度管理重視現場的理由之一。

主管因為太忙，坐在辦公桌前的時間越來越長，就漸漸不會去現場，只會看著部屬的報告下判斷。當部屬覺得：「反正我們的上司不會來現場。」這麼一來，現場就會失去活力，幹勁也會急速衰退。

時間是有限的資源，將時間全部花在辦公桌前，實在太可惜了。如果和部屬一起到第一線，實際拿起實物一起思考，就可以避免因溝通與資訊不足，所帶來的時間浪費，以及太過草率的判斷。

帶心：問題不在知不知道，而是做了多少

有些人認為，豐田的上下關係土里土氣、太重視人情義理。

有位年輕的豐田人G先生，接到主管的命令、被交辦了一件非常困難的課題，但無論他怎麼絞盡腦汁，都不知該如何是好。

他問遍身邊的人，也只得到「不可能」的回答，他實在是無計可施了，只

好去向主管報告辦不到，並說明原因。結果主管只說了一句話：「好吧，那我去找別人。」G先生因為覺得主管放棄了自己，而沮喪不已。可是過了幾天，主管又來了，這次他跟G先生這麼說：「G，我們一起來想想吧，一起想破腦袋，一定辦得到。」G先生因此養成不論面臨任何難題，都勇於挑戰的態度。

負責改善生產現場的豐田人H先生，有一天工作結束、要回家時，被產線負責人叫住了。

「喂，H，你執行的改善有問題，立刻改好。」然後又把H帶回現場去。H先生都已經換上西裝、準備下班了，無可奈何之下，只好穿著白襯衫，和負責人去現場改善，搞得全身油膩膩的。

H先生心裡還覺得真是受不了，沒想到幾天後，產線負責人邀請他到自己家裡，要請他吃飯。回家時，他太太就拿著全新的襯衫和領帶交給H先生，並對他說：「對不起，前幾天我先生真是不應該。」H先生也表示，他在產線負責人身上，學到了工作的嚴苛和美好。

像這樣的故事，在豐田內部和豐田的進度管理中很常見。

這應該是因為豐田生產系統要求上司：「將部屬視為一個人、一個個體，並予以尊重。」「對身而為人的部屬付出關心。」

當部屬覺得主管照看著我、理解我的時候，就會感到高興，這樣也可以激發員工的幹勁。所以身為主管，關心每一位部屬，深入了解他們是怎麼想的，非常重要。

當然，每個主管都知道這件事，但問題不在於知不知道，而是在於做了多少。這套系統的另一個特點就是：知道的事，就要去做。

7 建立一套標準作業表，讓工作狀況一目瞭然

不漏看，當然非常重要，但豐田的進度管理則更進一步認為，必須建立一套讓人就算想漏看也沒辦法的架構。

這是大野耐一去視察剛導入豐田生產系統的集團時，所發生的事。

他在會議室講了三十分鐘左右的話之後，就去了現場。然後他指著一位作業員，問負責介紹的人說：「**他的作業是太慢還是太快？**」

負責介紹的人老實的說不知道，可是領班自己明明也不知道，卻隨口回答了。結果大野耐一非常不高興的說：「領班說謊，連我來看都看不出來了，他怎麼可能知道。」

然後大野耐一讓大家在會議室集合，在黑板上畫一條線，向大家這麼說明：「大家參加運動會賽跑時，一定都有這種起跑線吧。因為大家同時由起跑

線起跑，所以可以判斷出誰是第一、誰是第二；如果每個人的起跑點不同，就判斷不出第一名和第二名了。現在的工作也是一樣的狀況，誰做得快、誰做得慢，完全看不出來，這樣就看不出問題點，也不可能有所改善。」

大野耐一這麼說，並不是要站在排名或比出高下的立場，而是就縮短時間的觀點來看。即使是相同的作業，有人做得快，有人做得慢；計畫的進度也總是有人跟得上，有人會落後，必須讓這些時間差異，可以一眼就看出來才行。如此一來，落後的人才能按鈴求助等；當全體作業進度落後時，才可能去思考對策。

時間差異不是問了就了解、查了就知道的事，重點是要讓它一目瞭然，因為這才是加快速度的關鍵。

用眼睛管理的起點

豐田生產系統稱這種做法為「用眼睛管理」。

① 成為每個人一看就懂的現場

一般來說，大家經常認為現場狀況很難懂。然而，要讓不太了解現場狀況的總經理或經理，只要到**現場走一圈，就知道那裡在做什麼**，並掌握狀況，這點很重要。

② 將事實狀況與問題列表

說到品質，就是不隱瞞不良狀況，使其浮上檯面。說到數量，就是相對於計畫，明確掌握目前是處於超前還是落後。這麼一來，每個人都可以了解不順利的情況與生產的進度狀況等，才能指出問題點與對策的重點，大家也才能一起思考改善方案。

最不好的狀況就是，因為不想被門外漢說三道四，而隱藏真實狀況。就算將**問題放到檯面上**來是一件很不愉快的事，但是讓事實狀況一目瞭然，就結果來看，對作業員本身也有好處。

要實踐用眼睛看的管理，需要花上一段時間。但等到每個人都可以一眼看出狀況時，就會大幅縮短接下來花在改善上的時間。

下一個故事，是大野耐一去另一個現場時發生的事。

這是引擎的組裝工廠，有位員工在製程中途一定會做一個動作，就是將引擎體舉起來。因為引擎體很重，所以他看起來汗流浹背、很努力的樣子。

大野耐一詢問負責介紹的管理幹部：「為什麼他的工作那麼繁重？」管理幹部答不出來，於是大野耐一又叫來領班，問他同樣的問題。結果領班回答：「因為滾輪輸送機壞了，沒辦法，只好用手拿起來。」

大野耐一就對領班說，「你叫一個人去做滾輪輸送機應該做的工作，到底要幹嘛？立刻去把輸送機修好！」他也對管理幹部指示如下：「因為無法一眼就看清楚製程中應該做的作業，所以覺得有問題的時候，只能每次找人來問。你去想辦法**建立一套只要看標準作業表，就可以一目瞭然的機制！**」

豐田的進度管理很重視眾人的智慧：與其讓一位天才一口氣前進一百公尺，倒不如讓一百個人每人各前進一公尺，這樣更能培育人才，組織也會更穩定，才能創造更有韌性的競爭力。

要讓大家貢獻自己的智慧，前提就是要讓每個人都了解，所以才要求建立就算想漏看也沒辦法的架構。

8 成功就橫向擴散，失敗就寫報告

當某件工作或改善成功時，豐田進度管理並不因此認為已經結束，而是會花一些時間，將這個案例橫向擴散、在內部共享。共享案例可以大幅縮短下一次達到成功的時間。

如果只是將方法（know-how）彙整成文件，之後再傳閱，這樣無法密切的共享資訊。重點是要由成功的本人或領班，將剛出爐的案例橫向擴散，和公司內部的同仁分享。

橫向擴散的起源，是一九六〇年代豐田英二要求：「我希望大家能積極橫向聯絡，努力交換正確的資訊。」

當公司規模還小時，人與人之間的溝通非常緊密，因為平常就會面對面交流，會很自然的共享案例。可是，等到公司規模擴張、員工人數增加，又分出了不同的部門和工廠之後，互相見面的機會越來越少，也更難分享資訊了。結果，便會經常發生某個部門獲得了絕佳的成功經驗，其他部門卻幾乎一無所知的情況。

看到其他公司的成功案例、發現可以順利執行的方法時，才知道其實自己公司的其他部門早就已經這麼做了，最後便怪罪他們為什麼不早點分享，然後在那裡氣得跺腳，這樣只不過是浪費時間而已。事實上，在豐田裡也常發生，明明總公司的工廠有了大幅提升效率的改善事例，但就在附近的元町工廠卻一無所知的窘況。

所以豐田英二才要求大家要橫向擴散，絕對不能節省這種做法所花的時間。如果省這種時間，之後很可能浪費原本根本不必花的步驟或勞力。

失敗可以培育人才

那麼工作上遇到失敗時，又該如何是好？

豐田生產系統的做法，就是要大家寫失敗檢討報告，以避免其他人重蹈覆轍。據說失敗時寫報告的緣由，是豐田英二說過的以下這段話：「我經常說，就算在公司內部失敗也沒關係，放手去做就對了。我也常說，失敗就要寫報告；如果不寫報告、只是把失敗的經驗記在心裡，就無法向下傳承，所以不能這樣做。」

這套系統對於積極的失敗採取寬容的態度。舉例來說，曾擔任豐田副總經理的楠兼敬就曾經這麼說：「豐田的高層會責怪不努力想新點子、不努力迎向新挑戰的人，但不會責怪挑戰卻失敗的人。幹部的任務就是協助部屬產生新點子與面對新挑戰，而不是加以批判。」

豐田進度管理系統歡迎挑戰，對失敗的結果也寬容以待。

然而，失敗仍舊是時間與成本的浪費，為了讓失敗的經驗成為大家的共有財產，賦予正面意義，所以也很重視寫下失敗原因與對策。只要大家能共享這份報告，就不會重蹈覆轍。

本田技研工業（HONDA）創業者本田宗一郎，和豐田也有很深的淵源。東海精機重工業是他在創立本田前設立的公司，曾經是豐田的活塞環供應商，而豐田也曾經投資該公司，過程中本田宗一郎和石田退三也見過好幾次面，兩人在製造產品的精神上似乎意氣相投。

本田宗一郎對於挑戰新事物時失敗，或是做好萬全準備後的失敗，絕對不會加以責怪，而且他還留下許多激勵失敗者的名言：「不曾失敗的人生實在是太無趣了，就好像沒有歷史一樣。」「日本人好像過於懼怕失敗，因為害怕失敗就什麼都不做的人，根本就是最差勁的人。」「成功不過是你工作中的一％，因為有了被稱為失敗的那九九％，才會有這一％的成功。」

豐田生產系統則有這句名言：「成功是失敗之母，失敗是成功之父。」失敗具有培育人才、孕育新事物的力量。

第4章

一天就二十四小時，豐田卻能創造時間

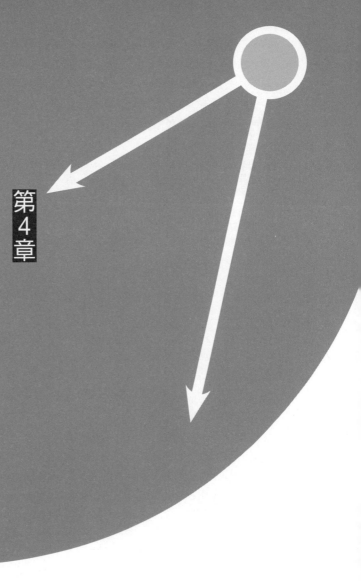

1 選擇能讓之後更輕鬆的道路

前三章提及的消除時間的浪費、有效的投入、縮短時間，是由時間、進度管理的觀點，來看豐田生產系統的結果。如果由資金或技術面來看，又會看到不一樣的進度管理方式，用不同於一般的做法，打造出自由的時間。

其中之一就是在這套系統中，被稱為自力本願（編按：靠自己之力達成夙願）的開發方式。企業要拓展規模或開發新技術時，有兩條道路：

①買時間

利用併購（M&A）等方式，將異業公司納入旗下，取得新技術的方法。

②投資時間

徹底靠自己之力，從頭做到尾的方法。

兩種都是很重要的方法，不過比起①，這套系統更重視②的靠自己之力，並以它為主軸，這是由創業者豐田喜一郎開始沿續至今的傳統。

要開發一款汽車，沒有那麼簡單；要成立一家日本國產汽車公司，就算是大財閥，也會猶豫不決。就算真的要著手開發了，一般也都認為必須向汽車先進國家——美國求才，導入技術與生產方式才行。

但豐田喜一郎卻選擇了不一樣的路，「奠基於日本的國情，思索日本獨有的製造方法」。他知道就算引進美國大量生產的做法，也不符日本的國情。因此誕生的就是即時生產，也就是後來的豐田生產系統。

一九五二年左右，當豐田著手開發皇冠車款時，據說日本的汽車技術落後歐美十年以上。為了彌補這個差距，日產（NISSAN）和五十鈴（ISUZU）都選擇和英國奧斯汀汽車（Austin）、法國雷諾汽車（RENAULT）技術合作的道路，也就是採取了①買時間的方法。

相對的，承襲了豐田喜一郎意志的豐田英二，則選擇了②靠自己之力的道路。他對於自主開發太花時間的反對意見，反駁如下：「和外資公司合作生產的汽車，在上市初期可能會獲得技術優良的評價，可是卻會受到許多限制，導致後續的進步、改良腳步落後。自己絞盡腦汁開發，雖然看起來像慢吞吞的烏龜，卻能確實提升技術力。」

買時間起步快，投資時間起頭難

第一代皇冠汽車的開發主任中村健也，也有一樣的想法。他表示：「技術人員的自尊心，不允許自己根據別人畫的設計圖製造汽車。與其請別人教技術，不如自己學，這樣才有價值。」

當然，自力本願這條路，也是滿布荊棘的道路。

一九五七年，從皇冠出口到美國，因為無法在美國高速公路上奔馳而退出市場，一直到 COROLLA 在全世界大受歡迎，事實上花了十年以上的歲月。不過，也正因為有了這十年的奮鬥，豐田才能打造出這款車。

豐田中興之祖石田退三表示，因為堅持自力本願的理念，才能成就以客為尊的生意模式。他回顧這一段過程時也表示：「不能什麼事都交給別人。就算繞遠路，只要靠自己的力量去做，最後一定會獲勝。」

買時間的企業很多，並不僅限於汽車業。印度億萬富豪米塔爾（Lakshmi Niwas Mittal）就是一例。米塔爾的成功方法簡單明瞭，他明確表示：「我併購公司，就是為了買時間。」他會以便宜的價格，收購經營陷入困境的企業，然後在早期開始重整，讓市值最大化，再利用賺得的資金進行更多併購，公司因此快速成長。

米塔爾的事業從小廢鐵工廠起家，後來在印尼開始生產鋼鐵。三十九歲時，他收購了在加勒比海島國——千里達及托巴哥共和國（Republic of Trinidad and Tobago）面臨經營困境的國營鋼鐵公司。透過大刀闊斧裁員與減降成本，僅僅一年就完成重整。後來他更加快併購的腳步，陸續收購了墨西哥、哈薩克、波士尼亞等國的鋼鐵廠。

然後，他和美國國際鋼鐵公司（ＩＳＧ）整合之後，又併購了歐洲名門阿塞洛（Arcelor）鋼鐵，打造出名副其實的全球第一大鋼鐵集團。

與米塔爾併購公司的做法一樣，技術可以在短時間內成長，這也是事實。

可是做生意的目的不僅是要追求急速成長，還包含了肉眼難見的許多目的，如個人尊嚴和成就感、員工的人生意義、家庭幸福等。這種說法雖然不太符合商場需求，不過要買時間或是投資時間，兩者該如何取捨，應該是取決於企業有沒有志氣吧。

2 用同樣的設備，賺同業兩、三倍的錢

工作最重要的，是要自己創造嶄新，而不是追著嶄新跑。可惜的是，世界上不少公司或個人，都錯以為引進新型的設備，可提高生產力、縮短時間，例如：「用這麼老舊的機械設備，花時間也是無可奈何。如果用最新型的機械設備，就可以一口氣縮短時間。」

豐田生產系統對於花錢購買最新機械設備，是採取慎重的態度。豐田的做法是先徹底投入時間、改善老舊機械設備，直到再怎麼改善也無濟於事時，才會去投資新的機械設備。

大野耐一曾經說過這麼一段話。他知道的一家公司，於一九八〇年代中期曾購入一部當時最新型的數值控制（Numerical Control）車床。這種車床的賣點是自動控制，就算沒人在旁邊操作，也能製造產品。

大野耐一詢問該公司總經理，為什麼要購買這部機器，結果總經理回答：

「如果不買這種機械設備，就請不到員工。」大野耐一當時覺得：「買一部不需要人在旁操作的機臺，是為了僱用員工，這樣不是很奇怪嗎？」

他接著表示：「不買這種機械設備，承包商就會說那家工廠的設備落後而不下單，所以才引進自動化機械。為了這種原因，或說是因為虛榮心而購買最新的機械，實在是本末倒置。」

不去思考最根本的問題，也就是如何才能縮短時間、降低成本，而是因為流行就引進機械設備，這種想法就是導致錯誤的根源。

至於改善有以下的順序：

①作業改善

改變作業方法，讓原本五人才能完成的作業，減少成四人即可完成，屬於提升生產力、降低成本的改善。

②設備改善

對機械設備的使用方法下工夫，讓原本需要兩個人的作業，變成只要一個人即可的改善。

③ 動線改善

重新安排機械設備的位置和通路，以消除人與物品之間多餘動作的改善。

透過這一連串的措施，培育出豐田生產系統所謂的「為機械增添智慧」的能力。如果不這麼做，只是因為流行、因為是最新型的，就購買機械設備，很容易被新機器耍得團團轉。

在生產現場，不採用會計上的觀點

「這部機械設備已經折舊完畢回本了，報廢也沒有損失，與其針對帳面上價值為零的設備花改造費，不如買一部新的」，這種想法又如何？如果將這種會計上的觀點，換成用這套系統的可動率（需要時機械是否能正常運轉）觀點來看，就很容易判斷了。

就會計上的立場，已經折舊完畢的機械設備，價值的確為零。可是就算是上了年紀的機械，如果還有接近百分之百的可動率，依舊是值得信賴的戰力。

相反的，如果不能充分運用最新的機械，或是因為無法妥善維修，導致可動率只有五〇％等，如果發生這樣的狀況，價值也會減半，有時說不定還比不上老舊的機器好用。**所以重點不在於機械設備是新還是舊，而是擁有多少賺錢的能力**。

在豐田進度管理的觀念中，即使是老舊的機械，也要加入許多智慧，提升它的賺錢能力。就算是因為機器老舊，怎麼改也改不好，而**購買新機械設備，也會立刻針對新設備進行許多改善，讓它可以發揮超過型錄上兩倍、三倍的賺錢能力**。更新機械設備當然是必要的措施，可是不需要急著更換，花時間好好運用上了年紀的設備，反而可以帶來更多的好處。

我們常常會不自覺的追求眼前的流行，而忘記真正重要的是什麼；只顧著追流行，幾乎不會有任何收穫。

3 現有設備徹底改善，不領先投資設備

聰明的設備投資可以一口氣提高生產力，在未來增加可自由運用的時間。利用這些自由的時間來開發與創新的話，又可以強化競爭力，達到正向的成長循環。**如果將設備投資分成領先型和追趕型，豐田的進度管理認為，追趕型才是聰明的投資。**

設備投資或多或少都伴隨著投機性，不論根據多完整的預測來投資，萬一需求不如預期，員工和設備都會一下子變得無用武之地。

比起預測需求而投資設備的領先型投資，徹底改善現有設備以提高產能，然後**再用這種方法獲得的利潤去投資設備**，這種追趕型設備投資會成為豐田生產系統的理想做法，也是理所當然的。

只不過當時的豐田，也曾有靠著領先型設備投資而成長的經驗。

例如豐田最初的大膽投資，就是一九五九年完成的元町工廠。元町工廠包

含車身、烤漆、組裝三個工廠，預估有月產五千輛的設備產能、月產一萬輛的廠房規模。以現在的豐田來看，不過是很小的規模，可是當時皇冠車款一個月的銷量也不過兩千輛，萬一需求停滯，新工廠就可能陷入產能過剩的危機。

事實上，據說連豐田經銷商都很擔心：「蓋這麼大的工廠，然後強迫我們去推銷這個工廠生產出來的汽車，我們可承受不起啊。」當然，豐田的預測精準，皇冠和國民車 PUBLICA 車款都賣得嚇嚇叫，投資大獲全勝。

接下來的領先型設備投資，則是在 COROLLA 問市前新建的兩座工廠，也就是生產引擎的上鄉工廠（一九六五年完工）和組裝的高岡工廠（一九六六年完工）。

當時 COROLLA 的開發負責人豐田英二發下豪語：「我下一次開發出來的汽車，一定要掀起汽車普及的浪潮。」他對第一代 COROLLA 開發主任長谷川龍雄說的話，也展現出他的決心：「賭上豐田命運的新小型車開發主任一職，就請長谷川你扛下來了。」

在歐美汽車需求激增時，有人導出一個公式，就是當汽車的售價落在人均國民所得的一倍到一．四倍之間時，就是汽車普及的時機。

一九六二年日本的人均國民所得是二十二萬日圓。如果當時的首相池田勇人提倡的所得倍增計畫順利進行，四、五年後就會超過四十萬日圓。換言之，如果能在一九六六年到一九六七年左右，推出售價在四十萬到五十六萬日圓之間、令人心動的小型車，就很可能掀起汽車普及的浪潮。

豐田英二並非只是坐著等待汽車普及的發生，而是懷著雄心壯志要掀起這股浪潮，所以在一九六六年推出COROLLA，也成功如願以償。

認識到投機的可怕

像這種領先型的設備投資，萬一預測失準，就會面臨嚴重的後果。

長谷川龍雄受命擔任COROLLA開發主任時，包含皇冠、CORONA、PUBLICA、TOYOACE等車款在內，每個月豐田汽車總產量不過四萬輛。新工廠一旦開始運轉，產能立刻增加五〇%，真可謂是極為大膽的賭注。習慣高度經濟成長的日本企業，因為一九七三年第一次石油危機的爆發，而真正了解到這種賭注的可怕。

大野耐一這麼回顧這段時期：「在石油危機發生以前，動不動就會進行高投機性投資，換句話說，這是因為機會成本，對於一家企業的成長影響很大。然而，自去年底以來，需求預測、長期展望、經濟成長率等應作為計算因子的條件，已經全都不準了。」他接著表示：「長期來看，當然會這麼發展，可是就算這麼想，如果沒有健全的體質可以撐到那個時候……。」

從那時開始，豐田就回歸追趕型設備投資了，而這個方針在豐田章男擔任總經理以後更為明確。

由過去陸續興建海外工廠的做法，轉變成注重將現有工廠產能發揮到極致的方式。把重心放在追趕型設備投資上，同時為了掌握大幅度發展的機會，也隨時檢討領先型設備投資的需求，這應該是正確的吧。

設備投資最可怕的是一旦開始，就幾乎不可能回頭了。

4 不必花時間善後，這叫品質

目前工作的成果，有時候不會立刻顯現出來，可能到了幾年後，大家才會知道目前你工作的成績。而大多數公司或大多數人的目光，只會投向現在立刻看得到成果的事物。

做事時不看現在而看未來，而且看的還是比一般人想像中更久遠的未來，這就是豐田的進度管理。

對品質的想法就是最好的象徵，品質是根據三個時間軸來評估的：

①出貨時：由工廠出貨時，所有檢查的結果是否都合格？

②使用時：使用期間內，是否有重大經年變化或性能劣化？

③使用後：是否容易處理或再生，是否環保？

其中最應該重視的就是②使用期間內的品質。

近年來很多商品都碰到召回的問題。一講到召回，或許有人會聯想到「瑕疵品」，不過其實大多數召回的商品，在檢查階段時都是合格品，幾乎都是開始使用之後，隱藏的問題才顯現出來。

就算是以豐田生產系統製造的產品，外觀也不可能有太大的差異。每家公司生產的產品看起來都差不多，也都經過一樣的流程出貨。然而，使用之後，品質的差異就會越來越明顯。像是「不論用了幾年，性能都沒變」相對於「性能越來越差」，或是「不容易積灰塵的構造」相對於「一下子就積滿灰塵、不能用了」等。

品質差的產品，就必須花很多時間召回，或是處理客訴，而且風評也會變差，可說是雙重打擊。就算業績長紅時會顧及品質，但一旦虧損或景氣不佳，有時就會在肉眼看不到的地方偷工減料。

平時不斷改善，讓製造方式更為進化的豐田生產系統，不受外界變化影響，並得以確保品質水準，因此可以在未來產生更多可自由運用的時間。

不要輕忽打基礎的工作

COROLLA 第九代開發主任吉田健在一九九二年時，被公司任命為針對亞洲銷售的戰略車款 SOLUNA 的開發主任。

當時豐田汽車最便宜的車款 COROLLA，到了東南亞卻變成高級車，所以必須加速開發更便宜的車款。另一方面，以泰國為首的東南亞資訊水準高，他們不會認為便宜就好、差一點也沒關係，所以不能為了壓低成本，就隨便減少零件或降低加工品質水準。

其實，當快要出現「泰國市面上其他車都沒做防鏽處理，我們也不要做」的結論時，吉田仍很果決的斷言：「我們要做。」

「可靠度、耐用性等，**短期內可能看不出差異，可是十年後一定會突顯出這麼做的價值**。所以我們一定要做。」吉田的想法是就算要壓低成本，也不能降低品質，這也正是豐田進度管理的精髓。

就算是品質較差的便宜車，只要外觀漂亮，還是賣得出去。可是這種車很快就會被其他公司模仿，萬一消費者在使用時出現問題，就結果來看，還是得付出高昂的代價。為了減少維修成本、打造便宜又好用的車，而不斷改良製造方法，才是這套系統的做法。

豐田的進度管理受到世人矚目，是在一九七三年第一次石油危機的時候。許多公司受到大環境影響，業績一蹶不振，可是豐田汽車和豐田集團卻業績長紅，於是大家才開始關心，這家公司是不是有什麼祕密？

面對大家的質疑，大野耐一表示：「我們才沒有什麼祕密，只不過是我們一直以來遵行的豐田生產系統，在令人措手不及的石油危機爆發時，發揮了它真正的價值而已。」他接著又這麼說：「我們平常在做的合理化、工業工程（IE）工作，其實就像是埋在地底下的基礎工程一樣，平常很難有人看得見，所以沒有人知道它真正的價值所在。然而，如果基礎工程不確實，就會像是蓋在砂堆上的建築物一樣。」

豐田的進度管理之所以孜孜不倦的勤於改善，正是因為知道做好準備的公司和毫無防備的公司，未來在時間運用上會產生極大的差異。

5 改善要趁著業績好，別等景氣差才做

企業的價值，與其說是看獲利多少，不如用對社會的貢獻度來衡量。社會貢獻和以每季為單位計算的獲利相比，屬於更長期的衡量。換言之，企業必須有長遠的眼光。但與此同時，短期內如果沒有獲利，企業就會成為競爭中的輸家，更別提貢獻社會了，要在兩者之間取得平衡，的確很困難。

豐田進度管理一方面以秒為單位來改善，另一方面也很擅長推動長期計畫。豐田首部環保汽車 PRIUS 車款的問市也是如此。

一九九〇年代初期，正當平成景氣的榮景持續，豐田英二在董事會做出以下發言：「豐田是否應該用過去的方法持續開發汽車？用現在的研發方法，豐田可以活到二十一世紀嗎？現在的榮景不可能永遠持續下去。」

景氣好的時候，推動改善是大原則；等到景氣反轉、陷入困境後，可以做的事就有限了。

正因為景氣好，才有本錢能為了長期競爭力而犧牲短期獲利、進行挑戰。「G二一計畫」正是因應這種危機意識與長期思考下的產物。當初其實也有減少油耗五〇%的提案，但在幹部會議上被一口否決：「豐田要在二十一世紀投下的震撼彈，只是減少五成的油耗，這樣實在太遜了。」結果就變成了「兩倍」這樣遠大的理想。

要實現這個理想，有三個方法。

其中電動車有續航力的問題，充電的基礎建設也是很大的難關。要實現燃料電池車，則需要較長的時間，趕不及在二十一世紀推出。

結果雀屏中選的，就是油電混合車。油電混合車兼具低油耗、二氧化碳排放量少與實用性，豐田因此積極投入研發。這是因為豐田判斷，這種汽車足以成為二十一世紀注重環保考量的新一代汽車。

當時 PRIUS 原本預計於一九九八年年底量產，但當時的總經理奧田碩要求提早一年量產問市，原因如下：「提早問市意義重大，這款車不只關係著豐田的命運，還可能左右汽車業全體的未來。」

因為有了奧田碩的指示，豐田人便開始傾全力開發，將獲利置之度外。結果，以「終於趕上二十一世紀」廣告標語聞名的 PRIUS 如期問市，震驚世界。

業績好的時候至少往前想三、五年

PRIUS 車款當時因為售價低廉，有人認為投資後很難回收。不過，原本 PRIUS 的開發起點，就是即使犧牲短期利益，也要打造出一輛環保的汽車。與其說這是為了豐田而開發的汽車，不如說是為了汽車業，甚至是為了社會而研發的。

二〇一四年發表的全球首輛量產型燃料電池車 MIRAI（未來）等車款，也可說是站在展望未來的觀點而開發的產品。

在推動 G 二一計畫的當時，沒有人知道油電混合技術究竟可否成真、是否可以獲得顧客支持。然而，豐田一旦決定，為了人類的未來、業界的未來，也為了創造更好的社會，便毫不猶豫的集中投資。

要做出這樣的判斷，必須兼具長期觀點，和業績好的時候就要改善的觀念才行。

很多企業都著重在眼前的短期獲利。然而，會以三年、五年的期間來思考的企業並不多，更別提要抱著十年、五十年的長期視野去思考了。換句話說，會這麼做的企業，競爭對手極少。

做生意其實也就是放眼未來。如果能看到一般企業所看不到的趨勢，能擁有比別的競爭對手更遠大的夢想，就可以開拓出藍海市場。

6 有些錢要花在沒用的地方

關於人才培育，大家最常提到的，就是「立刻派得上用場的事，立刻就派不上用場了」。

最近大家也開始提倡大學教育中的博雅教育（Liberal Arts，和職業無直接相關的教養），這或許也是因為對於商業創新來說，比起立刻派得上用場的知識，長期有幫助的知識和智慧更不可或缺。

老是追求即戰力，人才只會不斷的消耗，終有一天會有人質疑，這項工作到底是為了什麼而存在？這家公司到底是為了誰而存在？

豐田生產系統是相信人類智慧、集合眾人智慧推動改善的系統。製造就是培育人才，這也是象徵這套系統的名言之一。最需要長期投資的就是人才培育，沒有人才就無法開展工作，在這種想法之下，豐田也在公司內設立了豐田工業學園。

這個學園已有悠久的歷史，豐田公司成立於一九三七年，隔年一九三八年就設立了工業學園的前身，同時又成立了豐田工科青年學校。接著於一九三九年又在校內成立技能者養成所，這些學校教育出許多優秀的人才。

學校要求學生們除了學習技能外，也要學習改善能力。而老師們的特色就是不教太多，讓學生自己想，**讓學生在學園中學習失敗**。

培育人才很花時間，**願意確實把錢花在這麼花時間的事業上**，這也可說是豐田的進度管理法之一。

容許浪費是有意義的

說到發明，或許會給人一種依靠瞬間靈感的印象，其實並非如此。經過長時間與無數的失敗、營業性試驗之後，才可能產生對社會有用的發明。

為了促成更多這樣的發明與開發，因而成立豐田基金會。豐田的社會貢獻之一，就是在一九七四年成立有三十億日圓基金的研究補助基金會，並於二〇一〇年改制為公益財團法人。

提出這個構想的豐田英二，分享了基金會成立與存在的意義：「只要是在某種程度可以賺到錢的事業，就會有人出資。另外，某項計畫雖然在事業上無法賺錢，但如果就研究而言，是可以期待成果的話，以大學來說，就會給予研究經費。也就是說，如果知道某處只要挖下去就會挖到石油，那麼一定會有人願意出資。相反的，如果不知道會不會挖到石油，就找不到出資的人，在這種狀況下提供資金的，就是基金會。」他又接著說：「不用說，我們並沒有考慮到這項投資對豐田的回報。」

另外一個例子，就是在「為了發明而研究」此一長期目標下，於一九六〇年由豐田集團九家企業，共同出資成立的豐田中央研究所。

豐田英二表示，研究所成立的目標，是豐田集團承襲豐田佐吉的想法，擔負著將新發現、新發明化為事業的宿命。他補充說明：「被日常業務追著跑，還要一邊研究，實在是心有餘而力不足。所以必須有遠離日常業務，獨立進行基礎研究的機構。」

關於研究開發，二〇〇三年時任總經理的張富士夫，曾提出一些關於豐田生產系統的想法：「我們這麼做，想的不是自己可以賺錢就好，而是希望能貢獻社會、促進日本產業及經濟。舉例來說，燃料電池車的燃料——氫，到底是要由甲醇提煉？還是由石油提煉？沒有人預測得出來，把寶押在其中任一項技術都非常危險。

「為了確保未來有足夠的技術能力，所以這種技術也研究，那種技術也不放棄；我們可以容許這種浪費，不會為了省錢，只投資其中一項。我們會徹底研究必須邁進的技術方向。現在研發費用雖然有些增加，但沒有任何一位前輩說：『你為什麼把錢花在那種沒用的地方？』」

容許浪費是為了未來可以有更充裕的時間。這既是豐田的經營哲學，也是豐田進度管理檯面下的根基。

7 公司大賺錢必產生贅肉，就立刻減肥

豐田進度管理有個特徵，就是花時間準備（請參閱第五十四頁）。此外，當發生問題或事故時，也不惜停下產線，徹底查明真正的原因（請參閱第七十五頁）。另外，達成一個目的有許多手段、改善方案也不只有一個的時候，會多想幾個，然後比較檢討（請參閱第六十二頁）。

或許有人會覺得，花這麼多時間，會不會無法因應變化，或被其他公司搶先？這當然有可能。然而，就現實來看，從 PRIUS 和 MIRAI 等車款的經驗也可以知道，豐田並不是追趕型企業，而是領先型企業。

在大企業中，有不少是看到同業的成功才開始起跑，然後用強大的資金力和業務力急起直追的。

那麼，花那麼多時間準備與改善的豐田，為什麼可以維持領先型企業的地

位？原因之一就在於豐田生產系統會**在景氣好的時候改善**。

一九九〇年，豐田成為擁有一萬兩千名技術人員的巨大企業，組織龐大的狀況已經開始形成問題。因為專家太多，設計技術人員**花在協調業務的時間**，甚至占勞動時間的三成；**會議也很多**，且決策速度明顯低落。

為了解決這個問題，豐田著手推動組織改造計畫，花了兩年的歲月，將技術部門分割重組成四個開發中心。改革的結果，把原本四十九個部門減少至二十七個，協調業務也減少三成。

賺到身上有贅肉才能減肥，景氣差時就得割肉了

這裡值得注意的一點，是豐田著手改革組織的時期，正是泡沫經濟的極盛期，當時豐田汽車銷量驚人，業績也一路長紅。

大多數的企業都是在業績開始惡化後，才會著手推動改革。在極盛期推動改革，是非常需要勇氣的決策。事實上，當時豐田內部也有很多人認為：「為什麼要做這些事？現在明明這麼賺錢。」

對於這類意見，主導改革的磯村巖（歷任豐田副董事長、名古屋商工會議所會首）這麼反駁：「就是現在這種時刻，才一定要做。」磯村巖親眼看著豐田變成大企業、開始染上官僚惡習，他看出公司目前業績雖然長紅，但未來並沒有太大的展望。「無論如何一定要改變現狀。如果推拖不前，一定會面臨無法收拾的結果。趁現在動手，資金也還充裕，就算失敗了還能重來。反正我們就做看看吧。」於是就開始推行組織改革。

他接著說：「豐田應該是最早著手改革的日本企業。」大野耐一也這麼說：「所謂的合理化，就應該趁景氣好的時候，或是賺錢的時候進行。」

景氣變差或出現虧損之後，除了裁員，就沒有其他合理的方法了。大野耐一認為，等到身上沒有可以減的贅肉時才要減肥，只會損及健康，他接著說：「在景氣好、業績好的時候推動各種合理化改革，應該是最重要的關鍵吧。」

豐田生產系統認為，有賺錢的時候為什麼不改，而不是覺得明明有賺錢，為什麼要改。在大環境景氣好，或是公司有獲利等行有餘力的時候開始改革，才有可能做得更好、更深入。

提早著手，未來才能享有餘裕與自由運用的時間。

8 現金超多卻不操作業外投資

在日本企業中，豐田擁有出類拔萃的資金調度能力。過去豐田甚至還有「豐田銀行」之稱，而現在的資金力更是遠勝於從前了。

為什麼豐田那麼強調資金調度能力？石田退三很早就認識豐田佐吉，他常常聽到豐田佐吉說：「沒有錢的人，不可能會有了不起的發明。」豐田佐吉年輕時財運不佳，一邊為資金所苦，一邊打造豐田的基礎。石田退三很佩服他，所以會將信念彙集在「手邊有錢的人會獲得最終勝利」這一句話上，也是可想而知。

到了一九五〇年，石田退三接任豐田公司總經理一職，當時豐田瀕臨破產危機，他為了籌資而焦頭爛額。在他手下負責會計業務、精明幹練的花井正八（之後就任董事長），回憶當時每天趕三點半的情景時，甚至有這樣的感觸：「銀行總是雨天收起傘，大晴天才願意借傘。」

到處去向銀行磕頭借款的籌資經驗，促成豐田絕對不向銀行借款的信念。所以在韓戰時的特殊景氣讓公司喘了一口氣之後，豐田就開始邁向強化財務體質的道路。

花井正八在豐田大幅成長之後，也推動「擰乾毛巾後再擰」式的合理化，將豐田打造成零負債的超優良企業。豐田英二打造出品質優良的汽車，大野耐一則實踐豐田生產系統，而花井正八為豐田儲備充分的軍糧，這就是豐田的成功方程式。

也要因應出現機率低的危機

花井正八的財務架構，以現今的觀念來看，別具一格。

例如，第一次石油危機的時候，豐田已經累積了一兆日圓的充裕資金。即使如此，豐田也完全不透過業外投資操作，當時大部分企業都樂此不疲的靠非本業股票投資、不動產投資等來增加資產，但豐田全部都只仰賴銀行中的存款來運用。

如果考慮到報酬率，實在不得不說豐田的財務操作太落伍了。有位記者詢問花井正八為何不採用其他更有利的操作方法，結果得到這樣的回答：「在豐田，就算一樣是一兆日圓，也必須是明天立刻可以變現的錢才行。」記者又追問：「要累積多少錢呢？」他如此回答：「必須有兩兆日圓吧。只要有這麼多錢，不論誰來當總經理，豐田的經營都不會出問題。」之所以堅持必須有這麼多的現金，是因為他有著強烈的危機意識。

經過兩次石油危機，連美國三大車廠（通用、福特、克萊斯勒）都競相投入豐田擅長的小車市場時，花井正八在一千名管理監督者面前這麼說：「對於國際小型車競爭，我一開始只覺得是單純的競爭。不過最近我的想法變了，這是一場戰爭。」

如果是競爭，就算輸了也不會沒命；可是如果是戰爭，失敗的代價就是必須付出生命。更何況對手實在是大怪獸，要跟這種對手作戰，就必須有資金，而且需要的不是股票或不動產，而是明天立即可以變現的資產，這是絕對必要的條件。

花井正八之所以有這種想法，應該是源自一九五〇年辭去總經理一職的豐田喜一郎，說的這段話：「為了順利度過這種一輩子可能只會碰上一次、最多兩次的要命時期，我們平常就必須用心，花長時間做足準備。只有在突破這種規模的難關之後，公司才能在順遂的時代有偉大的發展。」

豐田的時間軸各式各樣，以標準作業為例，就要竭盡心力去縮短一分鐘、一秒鐘；但在準備時，則是以很長的幾十年來作為時間單位。我們對於不知何時會來臨的危機，很容易變得遲鈍、怠乎準備。然而，豐田平常甚至會針對一輩子可能只會碰上一次、最多兩次的危機妥善準備。

一方面執著於一分鐘、一秒鐘，另一方面卻又以幾十年為單位，準備不懈，這正可說是豐田的進度管理。在奧田碩總經理的時代，豐田的資產突破了兩兆日圓。

第5章 豐田如何管理進度？

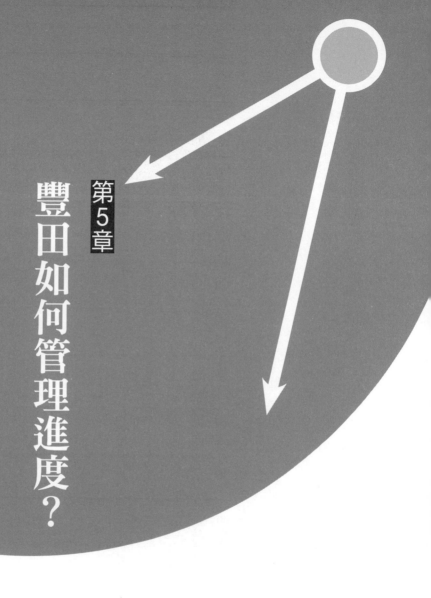

1 絕不以平均值看待事情

要控制工作時間，就必須決定作業所需的標準時間。那麼該如何決定才好呢？標準就是要在最短時間內做好，因為那是最輕鬆的做法。為了能夠以最短時間完成，就得不斷改善順序、動作、用具等。

有人會說：「這樣不會太累嗎？用平均值為基準比較好吧？」其實完全相反，平均值裡包含浪費的時間，所以就結果來說，反而會形成長時間勞動。

豐田生產系統在確定標準作業時，用的也是最短時間。即使做的是一模一樣的工作，只要是人去做，每次花費的時間都會有些不同，可能是因為零件掉了、工作中有多餘的動作或姿勢不對等，甚至說不定會因為忘了工作步驟，只好重做。

如果用包含這些浪費的時間，去計算平均值，就會連撿拾掉落零件的時間都算進去了。用包含浪費的時間作為標準，實在很奇怪。

換言之，最短時間也是最沒有浪費、最輕鬆的做法，用這種時間為標準，如果遇上花了較多時間的案例，就再去思考有沒有不讓零件掉落的方法、怎麼做才能更快、更確實，然後持續改善，這就是豐田的進度管理。

不過這裡有一些需要注意的地方：就算沒有達成最短時間的要求，也不可以只是催促部屬快一點。「時間是動作的影子」，換句話說，如果沒有達成，就一定有不能達成的理由，有可能是姿勢的問題，也有可能是零件的放置或用具有問題。因此要掌握這些理由，然後再改善成最輕鬆的動作，這也是建立標準作業的最大目的。

例如，看到一個家庭的平均資產金額，或是四十多歲人口的平均年收入等數據，有時常會覺得這些數字好像和我們的體驗不太一樣，這是因為平均值中常常內含玄機。

單品管理為什麼那麼重要？

過去伊藤洋華堂（編按：日本主要零售企業）的創業者伊藤雅俊曾經親赴

豐田，拜訪大野耐一，為了解決第一次石油危機後的存貨過剩問題，他希望能得到一些線索。

超市業界雖然搭上高度經濟成長的順風車，業績一飛沖天，可是在石油危機爆發後，銷售開始停滯不前。庫存太多成為經營上的壓力，但如果不備足暢銷商品的存貨，又可能錯過商機。

伊藤雅俊詢問，如何才能實現最合宜的庫存管理，他告訴大野耐一的現狀如下：「我們公司裡的很多商品，必須維持三個月左右的庫存量。」大野耐一如此回答：「你要不要仔細檢查看看，每一項商品的存貨內容？」大野耐一其實是問伊藤雅俊，是不是用平均值去看存貨。

接著，大野耐一表示，這完全只是自己的推測，如果有錯還請包涵，然後又接下去說：「說不定真正暢銷的商品，庫存可能接近零，連今天要賣的貨都快要不夠了。而賣不掉的商品，說不定有些還放在倉庫裡，都積了六個月的灰塵了，這樣平均下來才會出現三個月這個數字吧。」

伊藤雅俊回答：「您說的是。」當員工仔細調查庫存明細後，才發現必需的商品沒有庫存，有存貨的都是不需要的商品，這種現象很常見。除了商品存貨會有這種現象，不同的門市，庫存狀況也可能不同。然而，如果用平均值的觀點，去看數量參差不齊的存貨，就會出現平均三個月等結論，看起來好像還滿像回事的。

重點在於，要正確掌握每一項商品的流向以及庫存量。大野耐一告訴伊藤雅俊的線索，就是不看平均值的單品管理式庫存管理的必要性。

豐田生產系統中「別用平均值去看」的思維，可以應用在許多場合。例如要減少平均二〇％的成本時，不可以誤解這句話的意思，以為是要一律減少二〇％。針對每一個零組件，要有彈性，這個減五〇％、那個減一〇％，最後再算平均值，得到二〇％的結果，這樣才是正確的做法。

2 老手編制標準作業手冊讓新人上手

豐田的進度管理重視巧遲更甚於拙速，動手要快，實行要慎重。然而，在標準作業方面，比起萬全的準備，反而更重視拙速，這是因為這套管理方法認為，連時間也可以改善。

一手打造出豐田生產系統的大野耐一，是在一九五一年，將標準作業的想法導入工廠。過去工廠的工作，有一部分是要仰賴有經驗的組長與工頭，但有時遇到勞資爭議時，會有大量資深人員離職。於是他認真思考，如何才能讓新手也能製造汽車，結果想到的**就是導入標準作業**。

其實大野耐一工作的最初十年是在豐田紡織，所以他曾有建立標準作業並實際運用的經驗。紡織工廠很早就導入標準作業了，就連剛進公司的女員工，也可以在很短的時間內上手。

一九四三年轉換跑道到豐田的大野耐一，憑著自己在豐田紡織的經驗，試圖將標準作業的想法與架構導入汽車生產。

豐田生產系統的基礎就是培育人才，只要是為了培育出能找出浪費、發揮智慧工作的人，花多少時間都不覺得可惜。為了能夠儘早發現浪費、確實貢獻智慧，就必須**讓現場作業只需花幾天就能讓員工順利上手**。

大野耐一還進一步認為，豐田的標準作業就是改善所需的標準作業。歐美的標準作業手冊，是由職員、而非現場人員編制；但是豐田的標準作業，則是由在現場工作的組長編制。

大野耐一表示，之所以這麼做的原因如下：「因為在該小組中，最厲害的就是組長，他最清楚工作內容，了解最深入。如果不是由組長親自來編制標準作業表、指導部屬，現場就永遠不會變強。」

手冊就是讓人按指示行動的架構，所以一般不會讓工作技巧佳、但不擅長下指示的組長編制，通常都是由職員編好後交給現場的人，然後現場的人再按照手冊的指示做事。

但是這套系統的標準作業是改善的工具，所以不需要是一開始就十分完美的手冊，倒不如讓現場的員工自行編制比較好。

大野耐一這麼說：「一開始不論編出來的是什麼樣的標準，都沒關係，就放到製程中嘗試看看，然後只要不斷的嘗試錯誤並改善即可。一開始就想編出完美的動作研究、時間研究，是不可能的，我們重視拙速更甚於巧遲。」

不是所有完美都派得上用場

大野耐一的這種想法，源自他對紡織時代的反省。他回顧當時的狀況：「昭和八、九年（一九三三年至一九三四年）左右，當時我們一說到要編制標準手冊，常常會編出脫離現實、過於理想化的東西。花了許多時間和精力編出看起來很像樣的文件，結果卻沒人可以實際執行。」

大野耐一於是發現，不論理論再好，如果無法實際執行，這樣的標準作業一點價值也沒有。他又接著說：「首先必須確實掌握現狀，找到標準化的起點，就算只是針對其中一小部分也無妨，然後再從這裡開始逐步改善。標準應該是永遠需要改善的。」

為求完美，編出無用武之地的標準也沒有用，重要的是先有標準，然後一邊實踐，一邊找出執行起來很吃力或調整後比較輕鬆的地方，再加以改善。

因此，豐田生產系統的標準作業，最理想的狀態就是不斷修正。大野耐一甚至曾極端的說：「標準作業如果一個月都沒有修正，表示你們都只領薪水不辦事。」

一開始屬於拙速的標準作業，因為不斷修改而變得更好，工作品質與效率也同步提升。換言之，也就是改善了時間的利用。

3 太快反而浪費時間，及時才好

大部分的時候，快就是好，但豐田生產系統對於太快，卻充滿警戒心。就好比說，與其當一隻動作敏捷、但中途會去偷懶午睡的兔子，倒不如當一隻腳步緩慢、卻一直持續走到終點的烏龜。

生產過多就是最大的浪費。如果是在做多少賣多少的時代，當然沒有問題，因為就算生產量多於訂單量，也賣得出去，所以多做不是浪費，而是預防沒有東西可賣的對策。然而，沒有人知道銷售風向會如何改變，萬一銷售力道不再強勁，多做的東西就會變成多餘的庫存，立刻造成經營上的壓力。

一九五〇年豐田出現經營危機，最主要的原因之一，說穿了就是在計畫生產下製造了太多產品，結果變成多餘庫存，造成資金週轉不良。

以大野耐一為首的豐田人，對於當時的慘況都心有餘悸，製造的汽車都賣不出去，工廠裡到處都是堆積如山的存貨，導致資金週轉困難，公司差點就要破產了，真的是痛徹心扉的經驗。後來，「生產過多就是最大的浪費」、「沒有什麼事是比生產過多還要糟的，生產過剩甚至可能弄垮公司」等想法，就成了豐田生產系統的 DNA。

生產過多的缺點如下：

①需要多餘的空間

必須挪出空間，去安裝可以一次大量生產的大型機械，也得備妥存放大量材料的空間，以及放置成品的地方。

②需要多餘的經費

除了需要倉儲費用和管理費外，也會增加材料費、人事費、水電費等。

③產生多餘的工作

搬運、評損、存貨盤點比對等，生產越多，工作就越多。採用計畫生產方式大量生產，是造成諸多浪費的萬惡根源。而豐田的這套系統是「在必要時、使用必需數量的必要物品」的即時生產方式，再加上配合銷售逐一製造的「一個流」做法，就是最佳的預防之道。

有時候太快也是浪費時間

話雖如此，當初豐田生產系統的想法，其實也一直無法落實扎根。因為嚴守交期是工作的絕對條件，「不能慢」是大家切身理解的道理，但「不能快」就讓人難以理解了。

大野耐一表示，特別是頭腦越好、責任感越強的人，就算指示他們在必要的時候生產必需的物品，他們也常常會想趕快多做一點。因為如果能賣一百個，就一天生產一百個，能賣八十個，就一天生產八十個，這種做法總讓人覺得少了點什麼。

豐田的進度管理認為，如果沒事可做，就安靜待著也無妨。甚至有人說即時生產的縮寫「JIT」，就是指「安靜待著（編按：JIT的日文發音為「JITTO」，和日文「じっと〔安靜待著〕」發音相同）」。不過，越是聰明、責任感越強烈的人，越會覺得安靜待著是在偷懶、摸魚，所以不小心就會生產過多的產品。

有家廠商接到訂單後，不論交期是三個月後或者是半年後，總是不管三七二十一、先做再說，這就是太快的例子。

站在生產的一方來看，可能會覺得是等訂單來了才製造，所以不是計畫生產。可是交期還沒到，做好的東西就必須找空間存放，也會產生保管費用及多餘的工作，結果和做太多是一樣的。

現今是變化快速的時代，就算有一些缺點、發生一些失誤，大家也還是有「快就是好」的印象。可是，大家千萬不要忘記，有時速度反而會造成時間的浪費。過去的大量生產方式，就是因為追求快速和大量而成功。然而，隨著時代改變，多餘的存貨和無法即時因應客戶的變化等缺點，逐漸凌駕了大量生產的優點。

豐田生產系統正是注意到這種缺點，而提出全新生產方式，最後獲得成功的方法。這套系統追求的不僅是快，而且是**要快得剛剛好、來得及**。

4 數字目標是努力方向，別用來管理進度

工作不可缺少數據目標，一般認為提出短、中、長期的目標，也是進度管理的一環。不過我認為**數據目標**，特別是中、長期的，**其實應該想成是給人一個應該努力達成的方向，而不是用來當成管理進度的工具**。

豐田進度管理的想法也是如此，雖然連一分鐘、一秒都不放過，卻不會先設定數據目標，再去用人。

這是有原因的，汽車產業需要使用大型設備，當汽車銷路好的時候，大型設備便有用武之地；可是一旦銷售量下滑，立刻就會變成多餘的設備，因此也會產生過剩人員、多餘存貨，陷入惡性循環。

豐田章男說如果停止生產一個月，就會損失數千億日圓；停止三個月，損失就會超過一兆日圓。由此可知對汽車業來說，設備負擔有多麼沉重。

所以豐田生產系統的目標是**配合銷售來生產**，**要生產幾輛車**，**完全要看市**

場上可以賣出幾輛車，也就是只生產必需的輛數。如何用成本最低廉的方式生產必需輛數，這就是豐田的進度管理。

必須使用大型設備的產業中，如果導入長期的數據目標，並為了達成目標而不惜一切努力，就會演變成不停的蓋工廠、增加人員。看看近年來日本家電業各大公司的慘況，應該就知道這種做法有多危險了。

豐田章一郎很早就針對這種危險敲下警鐘。張富士夫也說：「我們在經營事業時，很容易一不小心就衝過頭，例如一直想著要這樣賺錢、要這樣銷售之類的。」

他也回首當時，表示：「可是豐田章一郎看到這種狀況，就會說：『不要那麼急。』『不論對客戶還是當地居民來說，都要有好處才行。不能只有豐田有好處。』我們有時也會因此才注意到，對，原來是我們衝太快了，然後才停下腳步反省。」

話雖如此，即使是豐田，也會有堅持中、長期目標的時候，那就是二〇〇二年擬定的全球總體計畫（global master plan）。這個計畫的目標是二〇〇八年全球產量達到七百六十萬輛，集團全球銷售量達到九百八十萬輛，要超越通用汽車、成為全球第一。

願景比計畫重要

一旦定下數據目標，就會被目標追著跑，一心一意都只想著要達成數字上的要求。此時連豐田生產系統都會被目標束縛，也會一時迷失原本擁有的特徵，即有彈性的製造。

結果當二〇〇八年發生一般稱作雷曼風暴的全球金融危機，豐田也必須下修隔年二〇〇九年的營業利益預測，下修幅度高達一兆日圓。豐田下修財測的影響遍及全日本經濟，甚至引發了豐田風暴（TOYOTA Shock）。

這次經驗讓豐田章男制定了全球願景（Global Vision）。豐田章男表示，把計畫變成願景的理由，是基於想要擁有這樣的公司的思維，他又接著說：「最重要的是，必須區分出經營目標和非數據目標的願景。」

應該努力的方向始終都是打造好車的願景，營收、獲利、銷售輛數不過是結果。

關於願景，亞馬遜的創辦人傑夫・貝佐斯也曾表示：「**我們完全未擬定，關於獲利與損益平衡點等形式上的預測，完全沒有這一類的未來預測。**」

貝佐斯的特色是會以五年、十年、有時甚至是一百年的時間長度來思考。另一方面，從他的口中絕對不會出現數據目標。對於顧客服務等，他的意見很多，可是一旦說到數字，他就變得沉默寡言：「我沒有闡述未來的習慣。」

如果敗在全球金融中心華爾街的壓力下，勉強提出數據目標，就會只為了達成數字而汲汲營營。與其把時間花在這種事情上，倒不如描繪出未來的願景、積極投資，以創造驚人的成果，這就是貝佐斯的想法。

長期願景是不可或缺的，但願景不可以是數字。數字不過是看著現狀，配合銷售來生產，然後一點一滴累積下去後，成就出銷售輛數的結果而已。

5 注意眼前徵兆，未來誰能預測？

豐田進度管理所重視的，並非預測未來幾年後無法預知的狀況，然後據以行動，而是**確實掌握眼前的變化，日日積極因應**。

預測未來或許不是一件毫無意義的事，但最好還是抱持著未來原本就無法預知的想法比較好。與其遙望難以預測的未來，不如掌握眼前的微小徵兆，確實的因應，才更為重要。只要這樣一點一滴的累積下去，一定可以走在時代的尖端。

前豐田副總經理笹津恭士曾思考：「為了迎向二〇一〇年，現在我們應該做些什麼？」他在二〇〇〇年左右，要求調查部進行以下調查：「重新分析一九九二年到一九九三年的各種調查資料，查一查我們是否真的成功預測了一九九五年以後的汽車產業變化。」

之後他這麼說：「結論是沒有。也就是說，我們根本無法事先掌握未來發生的市場變化。」

奇異公司的前執行長傑克・威爾許也說：「無法預測將來。」

「在一九九〇年的股東大會上，我們對於德國拆除柏林圍牆與蘇聯的危機等巨變感到震驚，可是當時完全沒人提及，隔年一九九一年即將發生的波斯灣戰爭中，美國的死對頭伊拉克總統薩達姆・海珊的名字。」

連不到一年後的事情都無法預知，更別提預知五年後、十年後世界會如何變化了，這就是威爾許的想法。話雖如此，我們也不能因為不知道未來的事，就袖手旁觀，什麼都不做。

威爾許又是怎麼做的？他這麼說：「事業不是因為擬定了非常像樣的計畫或預測而成功的。之所以會成功，都是因為不斷緊追現實中發生的變化，並迅速反應的結果。」

最重要的不是計畫的正確與否，而是確實掌握住，逐漸發生的微小變化與預兆，並迅速因應，這樣的企業才會成功。不愧是將豐田生產系統，以精實生產方式的形式導入奇異全公司的威爾許，他的想法的確可說是極為貼近這套系統的時間概念。

彈性因應每天的變化

當然，也有些情況是不預測或不計畫的話，工作就無法進展。可是大野耐一追求的是配合銷售量、用低成本生產出能在市場上銷售的產品。連市場上可以銷售的數量都時刻在改變，什麼產品賣得出去，也是每天都不同，要正確預測這些變化，當然不可能。

擬定預測與計畫，然後按計畫生產，這種做法一定會有碰到瓶頸的一天。既然如此，那就只能彈性因應每天時時刻刻發生的變化，所以關鍵就是培養靈活因應的能力。

就算不受需求預測或計畫所限、努力的迅速因應瞬息萬變的市場，大野耐一有時也會遇到傷透腦筋的情況。

簡單來說，就是以下這件事：「當要推出新車時，設備負責人就會詢問：『大概可以賣出多少？請先決定好吧。』他的想法是：『比方說一個月可以賣出三萬輛，那麼計算起來就很快，也可以決定投資金額。不過如果不說可以賣多少，就不知道該如何執行生產的準備。』」

大野耐一認為：「人的喜好是無法掌握的。」他這麼感嘆：「如果我厲害到能知道新產品會賣出多少，不如去賽馬場買馬票，還能賺得更多、更快。」雖然我對於把預測需求和賭馬相提並論的說法不以為然，不過這也表示他對於設備負責人的要求，有多遺憾了。

6 豐田從不進行大改革，而是天天小改

光是擔心、不斷討論，還是無法控制時間，只有實際改變現況，才能夠確實掌控，但不論是對企業或者是對個人來說，改變總是會受到心情、資金、時間等種種因素影響，必須有相當的勇氣才行。

豐田生產系統不會一次挑戰破格的大改革，而是先由小地方開始改善，再逐一度過難關。除此之外，還有一個重要特徵，就是每日累積小小的改善。只有**同時做到「小事要立刻動手」**和**「每日累積」，才能累積成重大變革**。這套系統的運作方式原本就很慎重。那麼，為什麼還會建議大家每天做？這是因為擁有強烈的危機意識。

從一九九五年就任總經理的奧田碩身上，就能明確感受到這種危機意識。他曾經如此表明自己的信念：「我希望大家都能知道，對今後的豐田來說，什麼都不改就是最糟糕的事。即便多次嘗試錯誤都沒關係，我希望大家對於勇敢

挑戰，給予合理的評價。」

然後，他又接著說：「我希望大膽的重新檢討，有關經營資源的投入與權限的問題，讓大家都能放手挑戰。」當時的豐田車款都不是針對年輕人推出的，市占率也一路下滑。即使如此，豐田還是遙遙領先其他競爭對手，業績也好得沒話說。

即使如此，奧田碩之所以如此執著於改變，正是因為他有一種急迫感，認為：「豐田所處的環境十分嚴峻。」他也這麼表示：「這一、兩年的因應對策，將成為重要的分水嶺，決定了進入二十一世紀後，豐田會是一家持續成長發展的公司，還是會變成曾經在二十世紀盛極一時的公司。」「三年內如果什麼都不改變，公司就會垮。」

連豐田都很難完成大變革

奧田碩認為，企業的壽命基準是四十年，而經營者的使命則是，把企業壽命延長到五十年、六十年。

根據日本「帝國資料庫」（帝国 DataBank）調查研究公司在二〇一四年的調查顯示，日本有兩萬七千家以上創業超過百年的公司，毫無疑問，日本是全球頂尖的長壽企業大國。

可是，企業不光是靠長壽，就可以在全球舞臺上占有一席之地，如果目標只鎖定在延長企業壽命，豐田要活過百年，並不困難。但如果要一直維持全球第一的地位，就必須不斷改革，而且這種改革，最好不要依循過去的做法。

奧田碩的願望，大概是希望豐田成為百年革新企業，而非僅僅是百年企業。要達成這個願望，別說是三年，更必須以一年、半年為單位不斷改變……他希望員工能有這樣的危機意識。

豐田是少數不抗拒改變的公司，即使如此，如果是大型的變革，也不是一蹴可幾的事。舉例來說，擔任第九代 COROLLA 車款開發主任的吉田健大膽推動開發，不過最初的設計卻被指為：「不還是一輛 COROLLA 嗎？」

「就算豐田自己覺得改變了，但如果市場上不覺得有改變，也沒有用。」於是他被迫進行更大膽的變革，一切從零開始，重新檢討。

現今這個時代，不少企業都高舉變革、改變的大旗，但幾乎沒有一家企業的危機意識，會高到認為一個月沒改標準作業，就等於是一個月沒做事，或者是三年內如果什麼都不改變，公司就會垮。

連危機意識這麼強的豐田，都很難推行重大變革，這也正是為什麼每天逐步改善、並日積月累持續會如此重要的原因。

7 不害怕顛覆決定，也容許朝令午改

朝令夕改這個成語是用來形容命令一直在變，是負面的意思，但是用在豐田進度管理中，就不一定是不好的事了。

在快速變化的現代，就算已經決定，只要發現決策有錯，就得立刻修正。朝令夕改在這種時候反倒是一件好事，如果這樣還太慢，還可以朝令午改。

世界上有些人對於已經決定的事十分堅持，有些人會執著在最初的計畫上，也有人會說：「去改變自己已經下達的指示，有礙面子。」不過，在變化劇烈的現代，這種頑固只會成為進度管理的障礙。

以下摘錄大野耐一的話：「如果早上下了一個模稜兩可、連自己都沒什麼自信的指示，然後也不看結果，到了傍晚又反悔，這種朝令夕改當然不好。可是如果在下達命令之後，觀察結果發現錯了，或者是因為環境改變而發現錯誤，那麼朝令夕改就是一件好事。當發現錯誤時，不能等到傍晚再改，朝令午改也無妨。」

豐田這種立刻改的態度，在一九七三年第一次石油危機時，發揮了很大的作用。

豐田英二說，這一年從一開年就很奇怪，經濟絕佳、高度經濟成長一直持續，甚至被稱為昭和元祿（編按：元祿為日本江戶時代的年號，是德川幕府的全盛時期，之後用以比喻盛世）。不光是汽車，幾乎所有產品都處於只要做得出來，就一定賣得掉的過熱狀態。

可是另一方面，從春天開始，材料就越來越難取得；到了秋天，問題更嚴重；然後十月就爆發了第四次中東戰爭，帶來石油危機；到了隔年一九七四年，對於經濟的打擊就更明顯了。然而，企業的因應之道卻南轅北轍，不少企業還沉浸在高度經濟成長的熱潮中，仍舊持續增產。

在這樣的時期，豐田看出材料不足與銷售力道趨緩的變化，從一九七四年一開年就準備減產，到三月之前一路減少。

被迫停止是不行的，要自己停下才好

豐田英二表示，這種當機立斷的決策才是關鍵，他也這麼說：「豐田減產初期，有的公司還在大肆增產。豐田應該是最早做出減產決策的企業。」

庫存調節到三月告一段落，狀況也沒有想像中惡化得那麼快，所以四月之後豐田又開始增產，這正是朝令夕改的成果。

日本的高度經濟成長，就隨著石油危機來臨而寫下句點。

就連豐田公司，如前所述在雷曼風暴時，儘管美國已經出現風暴前兆的次貸危機，仍維持著只要產品做得出來就賣得掉的態度，急著擴充產能。明明感受到預兆，卻猶豫不前，未能朝令夕改，立刻就會陷入危機。

君子豹變（形容有見識者一旦發現過錯，就會立刻改變自己的言行舉止）就是如此困難的事。豐田生產系統也重視「停止」和「自己停下」的差異。

發現不順利的問題時，自己停下產線的話，就可以立刻改善，預防再次發生相同狀況。不過，如果明明已經發現不良狀況，卻只是將瑕疵品擱置一旁，讓產線繼續運作，大部分情形都會在某個階段，發生更嚴重的異常，最後導致生產停頓。

增產或減產也是一樣，早期察覺環境的變化，不管朝令夕改或朝令午改都好，立刻選擇自己停下，就可以及早完成庫存調節，轉守為攻。

然而，完全沒注意到變化發生，或者是即便注意到也不在意，覺得還可以而繼續生產，總有一天會發生存貨過剩的問題，被迫停止生產，遭受到嚴重的打擊。

8 先要求成果，再要求時間

要用時間來管理工作？還是要用總量來管理？這是一個困難的選擇。擬定計畫時，通常都會決定截止期限，所以一般認為，用時間來管理比較好。

可是就這一點而言，豐田進度管理有一些不同的想法，也就是目標必達，定量不定時。目標包含了數量和時間，但應該達到的對象必須是數量。換句話說，豐田進度管理所謂的目標必達，目標指的就是數量目標。

達成數量所需的時間會因實力而不同，所以不可一視同仁。舉例來說，要以生產一百個產品為目標，如果決定的時間是一小時內，那麼做得到的人當然沒問題，可是對於還不熟悉工作，必須花上一個半小時甚至是兩小時的人，就很困擾。這樣的目標對他們來說相當勉強，甚至有時根本就達不到。

但重要的是，一定要達成數量目標。**針對花很多時間才達成數量目標的人，就要去了解原因何在，然後著手改善**。就算一開始做不到，累積多次改善之後，一定可以越做越快。

換句話說，時間不是用來管理的基準，而是要改善的對象。定量不定時和定時不定量是相反的概念。

這兩個概念都和搬運有關，內容如下：

定量不定時

等到後製程的零件到達一定使用量時，再去前製程領取零件。每次搬運的數量相同，但去領取零件的時間不一樣。不決定「截止期限」，需要時就去搬運，把重點放在數量的做法，就是豐田生產系統的搬運原則。

定時不定量

在事先決定好的時間去搬運，每次去搬運的時間一樣，但搬運的數量會不同，利用在期限到達前去搬運的思維來管理。

不決定時間，工作比較順利

目標不是時間而是數量，時間則透過改善越縮越短，這種豐田生產系統的概念也可以運用在許多工作上。

豐田人I先生在大野耐一的指示下，前往幾家集團公司與協力廠商，指導豐田生產系統的實踐方法。有一次I先生去指導一家協力廠商改善，這家協力廠商的供貨品質不穩，數量也老是不如預期。I先生從豐田帶了五位資深組長去，可是怎麼看都還需要多一個人。

他向大野耐一報告狀況，結果大野只用一句話就打發他了：「別說喪氣話。」I先生因此有了覺悟：「我不能就這樣回去。」之後他每天一大清早就到該公司，晚上十一點都還留在現場，和協力廠商的人多方溝通，努力改善。

如果扛著豐田的招牌，一副很了不起的樣子去和協力廠商的人接觸，只會招人反感，什麼事也做不了；不如直接進現場，獲得大家的理解和接納，才是最重要的。

很快的，一個月過去了，終於可以落實目標做法，I先生去向大野回報成果，只得到一句話：「這樣啊。」Ｉ先生不知道自己是不是應該就這樣回到豐田，後來他想通了：「原來是達成課題後，自己認為可以了就回來的意思。」

大野耐一完全沒有告訴Ｉ先生期限，因為重要的不是何時完成，而是要達到目標，做到沒有問題的程度。

之後Ｉ先生又陸續被派赴海外工廠等有各種問題的現場，他內心已經決定要做到達成目標為止，而不是做到什麼期限為止。一開始可能很花時間，即使如此，他也不曾被要求快一點，所以可以累積扎實的經驗。

最後，他不管面對什麼難題，都能自信以對，花費的時間也越來越少了。一開始不要先決定時間，工作會更為順利。**用心做出自己可以接受的成果，長久下來，時間自然就會縮短。**

第6章 掌握時機，豐田的巧遲能省時省事

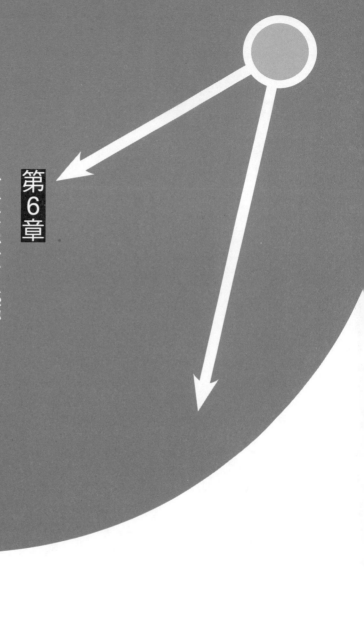

1 將優點濃縮在「最初一分鐘」

時機左右了公司業績的好壞，掌握時機可說是最強的進度管理了。

日本 RECRUIT 公司過去的社訓就是：「自己創造機會，利用機會改變自己。」豐田生產系統的目標，則是將優點濃縮在最初一分鐘內以掌握機會，這是因為我們習慣用第一印象去判斷整體狀況。某豐田經銷商高層的口頭禪也是：「顧客對於一家店的印象，在最初的一分鐘就已經決定了。」

有一次，店裡來了一位看起來應該會購買的顧客，可是出乎意料的是，這位顧客竟然花了好幾天才下手買車。好不容易到了交車那一天，高層就開口詢問顧客原因，結果他這麼說：「一走進店裡的時候，看到店員的襯衫扣子掉了一顆，讓我一直很在意。」

產品賣不掉的原因很多，例如景氣差、競爭多、價格等。不過，如果再仔細深入探究，其實最主要的，難道不是因為這家店給人的印象很差、店員的用字遣詞或態度讓人不愉快等狀況嗎？這是該高層的感想。

豐田進度管理的理想是配合銷售量，一件一件生產的一個流。如果忘記購買時的最初一分鐘最重要，就會出現奇怪的結果。一個流是配合銷售量，一輛輛製造不同汽車的概念，在最前線的是銷售汽車的業務員，以及買車的顧客。

突破一千萬輛的銷售業績，是由一輛輛汽車累積出來的，並不是一開始就存在能銷售一千萬輛汽車的品牌。品牌是靠著汽車品質、銷售每一輛車的經銷商的態度堆砌而成。「品牌不是用廣告打出來的，是實踐出來的。」這是現代行銷學之父菲利浦・科特勒（Philip Kotler）的名言。

光是不斷強打形象廣告，也不能建立一個品牌。例如，消費者上門購買廣告曝光率很高的罐頭，結果到了店裡，發現罐頭上都是灰塵，消費者會有何感想？或者是到一家號稱滿意度第一的飯店投宿，結果接待人員態度冷漠，消費者還會再光顧嗎？

品牌的必要條件，就是要**靠接觸顧客的第一線員工**，在所有場合中維持符合品牌的水準。換句話說，要建立真正的品牌，就必須提供品牌經驗。品牌經驗如果和廣告內容一致，消費者應該就會成為回籠客；如果超越廣告內容，顧客的良好風評甚至可能在網路上口耳相傳。

但是，萬一品牌經驗不如廣告內容，毫無疑問的，消費者的失望與憤怒，一定會使他們在網路上留下負評。

十五秒的「關鍵時刻」，救活一家企業

公司與顧客短時間接觸留下的印象，決定了企業的評價，也左右著企業的業績。說出這句話的，是年僅三十九歲即獲重用、成為北歐航空（Scandinavian Airlines System）總裁的卡爾森（Jan Carlzon）。

北歐航空在一九八〇年的預估虧損高達兩千萬美元（編按：約新臺幣六億元，本書以一美元兑新臺幣三十元換算），於是將公司的未來託付給曾經大砍成本、成功重整靈恩航空（Linjeflyg）的卡爾森。然而，他重整北歐航空的手法，卻跌破眾人的眼鏡。

卡爾森的想法摘要如下：「航空公司的評價，取決於每一位顧客的服務滿意度。調查顯示，北歐航空公司每年有一千萬名乘客，平均每一位乘客會接觸

到五名公司員工。換言之，所有乘客每一年會留下五千萬次對於北歐航空的印象，每一次的接觸時間平均為十五秒鐘。五千萬次的十五秒鐘，每一次接觸都是『關鍵時刻』（Moments of Truth）。這些關鍵時刻的累積，左右著北歐航空成功與否。」

卡爾森認為，在第一線接觸乘客的員工最重要，於是徹底讓這些員工了解自己的願景、提出點子，然後將決定、實行的責任交給他們。

這樣的措施果然奏效，讓北歐航空鹹魚翻身、轉虧為盈，甚至在一九八三年獲《財星》（*Fortune*）雜誌評選為全球商務人士心目中的最佳航空公司。

豐田生產系統認為，服務與品牌的價值，取決於企業是否能確實遵守和顧客的約定。所謂的約定，就是指提供的服務與產品要符合顧客期待，以及每位第一線員工的一言一行與良好態度。

2 當方向正確，就該莽撞

常有人說：「開始的時間點，就是許多人反對時；結束的時間點，就是稍微過了頂峰時。」總而言之，意思應該就是，當你直覺認為現在就是著手的時候，就算旁人覺得很莽撞，也應該勇往直前。

這種行為模式和重視合理性的豐田生產系統好像十分不搭調，可是豐田有時也會在危機意識極高的時候，莽撞行事以掌握時機。

當初決定出口汽車到美國時就是一例。過去豐田曾有一段時期被稱為「銷售的豐田」，那是因為當時的豐田自動車販賣公司總經理——神谷正太郎的手腕極為傑出。

神谷正太郎獲得豐田喜一郎的全權授權，負責銷售豐田汽車。而且他本人是由日本通用汽車轉換跑道到豐田，所以有非常強烈的意願，希望有一天能打造出不輸外國車的日本國產車，然後出口賺取外匯。

一九五五年神谷正太郎到了美國，看到馬路上德國福斯的小車——金龜車（Beetle）穿梭在美製大車之間，發現小車市場正在成形。他認為如果是小車的話，豐田應該也有機會切入市場，但當時的豐田還沒有可以出口的汽車。

然而，在兩年後的一九五七年，當神谷正太郎再次前往美國時，卻深切覺得豐田再不快點，就要來不及了。因為歐洲小車在美國市場的市占率，已經逼近五％了。

神谷正太郎的危機意識很強烈：「將來美國一定會祭出排擠進口車的對策。這麼一來，沒有實際成績的日本車，將會永遠被排除在這個市場外。」所以他做了一個決定：「不能因為沒有適合出口的車，就在一旁旁觀，我們沒有這種時間了。就算有點勉強，也應該從現在開始慢慢累積，搶下進軍美國市場所需的橋頭堡。」他的結論是：「就派出皇冠車款吧。」

只要方向正確就好

然而，當時的皇冠車款其實不具國際競爭力，這個車款的開發主任中村健也對神谷正太郎表示不可能，他這樣說明：「皇冠是因應日本顛簸的道路而開發的車款，並不是設計成在高速公路上行駛的車。」

神谷正太郎知道這一點，豐田英二也知道，他表示：「沒人知道這輛車在美國市場到底合不合適。」而且又接著說：「我們只知道，等到限制的進口高牆築起後，就算之後開發出再好的車，也無法出口到美國。理論上應該是有自信之後才能出口，可是關於美國市場，神谷正太郎的先見之明，或者說是他對於銷售的直覺，讓豐田大獲全勝。」

神谷正太郎則以「做生意，時機最重要」，來說服反對派，在一九五七年出口兩款皇冠車到美國，作為進軍美國市場的樣品車。

就像前面提到的，現實環境極為嚴峻，結果豐田鎩羽而歸。出口前，日本駐美大使也為豐田車背書，表示：「這是一輛很棒的車。在美國一定也通用。」美國當地的經銷商也樂觀表示：「如果是這款車的話，我們一個月可以賣出四百輛。」可是上路後，卻因為馬力不足，跑不到兩千英哩就故障了。

不過，對於這次的失敗，豐田英二雖然表示：「現在想起來，當初還真是莽撞。」但還是給予正面評價。他回顧這段過程：「時間點絕對不差，正因為有了這次慘痛的經驗，之後我們才拚命學習：『如何才能打造出適合美國市場的汽車。』」

事實上，豐田後來在一九六六年出口第三代的 CORONA，一九六七年也出口了 COROLLA，正式開啟出口事業的一頁。

豐田生產系統中有一句名言：「只要邁出的方向沒有錯，就可以靠著改善到達目標。」神谷正太郎的行動方向也是正確的。豐田透過這次的失敗，調查其中的原因，然後不斷改善之後，終於成長為全球第一的汽車大廠。

3 改善得到的餘裕，用來幹嘛？

對豐田進度管理而言，萬惡之首就是生產過剩，它的思維是，與其生產賣不出去的存貨，不如發呆、什麼都不做還比較好。

話雖如此，真的什麼都不做也很不好受。過去在豐田某工廠，曾經因為生產量減少，只有半天在生產，然而當大野耐一去視察工廠時，卻發現工廠燈火通明。大家都在做著不要緊的打掃工作或準備工作。

大野耐一問：「這樣不是很浪費電嗎？」結果現場的人員回答：「可是什麼都不做，主管就會給很差的考績。」他不禁感嘆：「部屬的行動會受到主管評價的影響。因為有笨主管，所以現場的人才會浪費錢。」

當然，現場工作人員的心情也不是不能理解，就算真的沒事可做，在那裡閒晃，自己也會不好意思、會在意主管的眼光，這是很自然的人性。

豐田生產系統的改善會產生餘裕，因此就算產量不減少，也可能會產生多餘的時間和人員，問題在於如何活用這些多出來的資源。

這套系統由豐田的工廠開始，逐漸擴散到協力廠商，不過真正開始普及，應該是在發生石油危機之後。當時的景氣由高度經濟成長急轉直下，陷入產品賣不出去、材料不足而無法生產的悲慘狀態中，所以不得不引進。

豐田集團中的愛信精機（AISIN）也是一樣。西尾工廠的J次長對現場人員下了一道嚴格的命令：「今後只能製造由豐田來的看板數量，絕對不要生產多餘的產品！」然而，對於每天從一大早到傍晚五點努力工作、製造產品的人來說，下午兩點、三點就做完所有的工作，實在是難以忍受的事。

J次長一邊巡視是否有人偷偷在工作，一邊思索對策。有一天，他召集大家，告訴他們：「接下來我們要改變職場，多餘的時間，大家就用來改善。」以前工廠的設備導入或動線安排，都由總公司的人負責，現場人員完全不參與。然而，在工廠工作的人最了解工廠的事，因為工作量減少而多出來的時間，不要只用在除草、打掃上，如果用在改善設備或動線上，那麼大家也可以成為貢獻智慧工作的人了，這是一箭雙鵰的做法。

J先生立刻在工廠內成立改善班，開始改善活動。這個做法成為習慣後，當石油危機告一段落，該工廠的改善也不再是由總公司員工啟動，而是由現場員工率先發動。

目的不是要裁員

一九二九年，Panasonic 前身的松下電器公司新廠落成，和兩百名員工一起順利起步發展。然而，以美股暴跌的黑色星期四為契機，引發全球恐慌，日本也陷入嚴重的混亂，關廠和裁員到處可見，連知名大企業都因為減薪而引發嚴重的勞資衝突。松下電器也是滿手庫存，站在關鍵的分水嶺上。

身邊的人都勸松下幸之助，只有裁掉一半的員工才能維持，但他卻不肯讓步，試圖用出人意料的創意來突破困境。他這麼告訴員工：「現在不管怎麼樣都沒有資金，而且製造再多的產品也一樣賣不出去，所以工廠開始上半天班。不過，我仍然會支付全額薪資給大家。」

員工非常驚訝，還問他：「老板，這樣真的可以嗎？」松下幸之助告訴員工沒有問題，接著下了這道指示：「多餘的時間，請大家全力推銷庫存品。」

員工因此士氣大振，不到兩個月的時間，就全部賣光庫存，另外還有一個很大的收穫，就是從此之後，所有員工都共享松下幸之助「只要去做就一定做得到」的信念，全員一條心、拓展事業。松下電器反而因此逆勢成長，甚至必須全開產能才能因應需求。

將改善而產生的多餘精力，再用於進一步改善、提供更好的服務，這才是重點。唯有如此，人和企業才能同步成長。無論如何，絕不能往裁員的錯誤方向前進。

4 保持貪心

接受過大野耐一指導的前豐田人在聚會時，曾有這樣的話題：「大野先生心目中的豐田生產系統，現在到底實現幾成了？」

「自働化」（在動〔動作〕這個字加上人字旁，比喻工作時要加上人的智慧）和即時生產，可說是這套系統的兩大支柱，前者來自豐田佐吉，後者來自豐田喜一郎。大野耐一以這兩大支柱開始試著推行豐田生產系統，是在第二次世界大戰剛結束後不久的事。

從那個時候算起，這套系統至今也有六十年以上的歷史了。在這段期間內，豐田已經成長為全球第一的汽車廠，可能很多人都認為豐田的這套系統已經到達顛峰了吧。

不過，前豐田人的結論卻出人意料：「說不定才完成三成或四成吧。」就算是謙虛，但是都已經如此成功了，還說才完成三成或四成，我想這就是它厲害和有趣的地方。

這套系統的基礎是人類的智慧，因為人的智慧沒有上限，所以就有可能無限進化。再者，因為認為改善是為了顧客而做的，所以會隨著顧客喜好等因素改變，當然也會日新月異。總而言之，我們甚至可以說，這套系統根本沒有到達盡頭的一天。

然而，許多導入豐田生產系統的人或公司，只要看到一些成效，就會沉浸在達成目標的快樂中，而放緩改善的腳步。

這裡有一個案例。有家公司的員工非常熱衷於改善，所以製程效率大幅提升，但是幾個月後就停滯不前了。高層詢問該名員工原因，得到以下的回答：「只有我的製程改善了，但前後製程都沒有改善也沒用，我覺得自己好像白痴一樣，所以決定休息一下，等前後製程的人改善。」

的確，就算個別製程的效率改善了，但前後製程不變的話，整體的效率也不會改善。可是即便是這樣，也不用休息，只要到前後製程去，跟他們一起動腦、一起改善就好了。

不這麼做，卻認為自己已經做得很好了，剩下的是其他人的責任，然後放著不管，豐田進度管理的思維認為，這不過是推卸責任。

有無限多雙眼睛找出浪費

除了這種個人停滯不前的案例，也有很多是公司停滯不前的狀況。

原本充斥著浪費的公司，只要持續改善半年，就可以得到很好的成效。同時，應該改善的地方也會越來越少，於是就容易產生怠惰的心理，認為：「已經達成目標了，夠了。」

覺得目標已經達成的想法很糟，豐田生產系統認為只要放眼世界，到處都有更好、更便宜的東西，藉此警惕自己不要怠惰。一旦出現成效後，是覺得夠了、做得很好了而懈怠；還是認為還不行，接下來還要生產更好、更便宜的產品而努力不懈——這兩者的差別，正是一家公司是否能真正強韌的分水嶺。

動腦貢獻智慧，員工和企業才會越來越強。然而，現實生活中，有太多因為小小成功就志得意滿的例子了。

大野耐一說：「如果想著到昨天為止的情況，覺得：『哇，已經翻倍了。』

這個人應該就無法再進一步改善了。」

他又接著說：「找出改善或浪費的眼睛已經有無限多了。和過去比較，因為變好了就安心的人，就像是和劍術老師比三戰決勝負的比賽、勝了兩場就高興得不得了的人一樣。好不容易知道怎麼去掌握改善的嫩芽了，就要意識到還有很多地方需要改善，如此從事每天的工作，這才是關鍵所在。」

改善是一輩子的工作，我想這套系統會永遠進化下去，就算順利，也不因此鬆懈，就算不順利，也不因此失志。追求今天比昨天好、明天又比今天好，這般精益求精的豐田生產系統，正可謂是將一天二十四小時發揮到極致的最強進度管理，不是嗎？

後記
感謝純豐田人給我的智慧

謹將此書獻給已故的若松義人。

我和豐田生產系統的緣分，始自十五年前認識了豐田人若松義人，協助他完成他的第一本著作《豐田生產系統的育才與製造》（Diamond社）。

我造訪了豐田總公司、豐田集團旗下各公司工廠，以及許多實踐這套系統的企業，後來也在由若松義人創立、將豐田生產系統推廣並普及到日本與海外多家公司的Cultivating Management股份有限公司擔任顧問。然後，我很快就拜倒在這套系統的魅力之下。**若松義人本人，就是直接接受大野耐一薰陶的純豐田人**。

再者，透過在Cultivating Management公司的活動，我又有幸接觸到許多接受大野耐一薰陶的人，聽到許多寶貴的內容，實在是非常幸運。

我特別感興趣的，是一九六五年若松先生比較豐田和通用汽車成本的事——若松先生也在他的著作中多次提及。

當時的豐田不過是一家日本小公司，聽說那時還認為和營收相差幾十倍的通用汽車比較，實在沒有意義。不過結果正好相反，因為知道和目標之間的明確差距，大家都看得到，反而激發出許多想追上通用汽車、甚至超越通用汽車的智慧。

從那之後，豐田花了近半世紀的歲月持續改善，一分、一秒的縮短時間，一日圓、兩日圓的減少差異，終於超越通用汽車，成為全球第一的汽車廠。

歐美企業習慣透過併購的手段，用錢買時間。不過豐田卻經由一點一滴動腦，以智慧提高時間的品質，達成飛躍性的成長。

本書是我第一本以自己的名字出版、有關於豐田生產系統的書籍，我真心希望透過時間這個新的觀點，來加深讀者對這套系統的理解。

此外，豐田自動車於一九三七年成立，當時的公司名稱為豐田自動車工業，一九五〇年又成立豐田自動車販賣公司，建立自工、自販的兩家公司體制後，一九八二年又進行工販合併，成為現今的豐田汽車公司。不過本書為求簡化，除非有必要加以區分，否則都統稱為豐田。

本書撰寫時參考了書末參考文獻中的書籍、雜誌，在此特別致上最深的謝意。而文中引用的豐田人的話，為讓讀者更易理解，有時會在不損及原意的範圍內改寫。最後要特別感謝ＰＨＰ研究所的大村麻里、Rz股份有限公司的吉田宏，對於本書的企劃與編輯提供協助。

參考文獻

《大野耐一的現場經營》，大野耐一著，日本能率協會管理中心。

《決斷》，豐田英二著，日經商業人文庫。

《THE HOUSE OF TOYOTA》，佐籐正明著，文藝春秋。

《The Toyota Way》（上），傑弗瑞・萊客（Jeffrey K. Liker）著，稻垣公夫譯，日經 BP 社。

《尊敬自己。超譯・自助論》，辻秀一編著，學研 Publishing。

《自己的城堡自己守》，石田退三著，講談社。

《關鍵時刻》，卡爾森（Jan Carlzon）著，堤猶二譯，Diamond 社。

《不為人知的 TOYOTA》，片山修著，幻冬舍。

《要經常領先時代潮流》，PHP 研究所編，PHP 研究所。

《豐田英二語錄》，豐田英二研究會編，小學館文庫。

《豐田管理系統的研究》，日野三十四著，Diamond 社。

《豐田生產系統工作的教科書》，PRESIDENT 編輯部編，PRESIDENT 社。

《豐田生產系統的改善力》，若松義人、近藤哲夫著，Diamond 社。

《「豐田生產系統」終極的實踐》，若松義人著，Diamond 社。

《TOYOTA SHOCK》，井上久男、伊藤博敏著，講談社。
《豐田生產系統的原點》，下川浩一、藤本隆宏編著，文真堂。
《豐田新現場主義管理》，朝日新聞社著，朝日新聞出版。
《豐田戰略》，佐藤正明著，文藝春秋。
《創造豐田生產系統的男人》，野口恒著，CCC MEDIA HOUSE。
《徹底理解豐田生產系統的關鍵字全集》，思考豐田生產系統會編，日刊工業新聞社。
《豐田生產系統》，大野耐一著，Diamond 社。
《豐田的方式》，片山修著，小學館文庫。
《豐田如何創造出 LEXUS》，高木晴夫著，Diamond 社。
《我的履歷表 經濟人15》，日本經濟新聞社編纂，日本經濟新聞社出版局。
《工場管理》雜誌，一九九〇年八月號。
《日經 Business Associe》雜誌，二〇〇四年十一月十六日號。

國家圖書館出版品預行編目（CIP）資料

蘋果、亞馬遜都在學的豐田進度管理：不白做、不閒晃、不過勞，再也不會說「來不及」／桑原晃彌著；李貞慧譯. -- 二版. -- 臺北市：大是文化有限公司，2022.3
224面；14.8×21公分. --（Biz；387）
ISBN 978-626-7041-47-5（平裝）

1.豐田汽車公司（Toyota Motor Corporation）
2.生產管理

494.5　　110018219

Biz 387

蘋果、亞馬遜都在學的豐田進度管理

不白做、不閒晃、不過勞，再也不會說「來不及」

作　　者／桑原晃彌
譯　　者／李貞慧
美術編輯／林彥君
副 主 編／劉宗德
副總編輯／顏惠君
總 編 輯／吳依瑋
發 行 人／徐仲秋
會計助理／李秀娟
會　　計／許鳳雪
版權經理／郝麗珍
行銷企劃／徐千晴
業務助理／李秀蕙
業務專員／馬絮盈、留婉茹
業務經理／林裕安
總 經 理／陳絜吾

出　版　者／大是文化有限公司
臺北市 100 衡陽路 7 號 8 樓
編輯部電話：（02）23757911
購書相關資訊請洽：（02）23757911 分機 122
24 小時讀者服務傳真：（02）23756999
讀者服務 E-mail：haom@ms28.hinet.net
郵政劃撥帳號／19983366　戶名／大是文化有限公司
法 律 顧 問／永然聯合法律事務所
香 港 發 行／豐達出版發行有限公司 Rich Publishing & Distribution Ltd
香港柴灣永泰道 70 號柴灣工業城第 2 期 1805 室
Unit 1805, Ph.2, Chai Wan Ind City, 70 Wing Tai Rd, Chai Wan, Hong Kong
Tel: 2172-6513　Fax: 2172-4355
E-mail: cary@subseasy.com.hk

封面設計／林雯瑛
內頁排版／林雯瑛
印　　刷／緯峰印刷股份有限公司
出版日期／2022 年 2 月 25 日二版一刷
I S B N／978-626-7041-47-5
電子書ISBN／9786267041499（PDF）
9786267041482（EPUB）
定　　價／380 元（缺頁或裝訂錯誤的書，請寄回更換）